Power BI 商务智能数据分析

赵悦　王忠超 / 编著

机械工业出版社
CHINA MACHINE PRESS

本书是一本教你用 Microsoft Power BI 分析处理经营业务数据的教程。本书从职场实战出发，精选作者线下培训课程精华，能够帮助企事业单位各部门数据分析人员，通过图形化工具界面，轻松完成大数据处理与可视化交互分析。

全书共分为 5 章，帮助你从商业智能、数据可视化分析的最新技术入门；按照数据分析流程，逐步完成数据清洗与预处理、建立数据分析模型、可视化报表设计、在线报表发布等工作。Microsoft Power BI 以互联网思维打造产品，桌面端免费，每月迭代更新，本书中的 Power BI 桌面版与 Online 版操作界面以 2020 年更新版本为主。

本书适合企事业单位数据分析人员阅读。

图书在版编目（CIP）数据

Power BI 商务智能数据分析/赵悦，王忠超编著.—北京：机械工业出版社，2020.10（2025.1 重印）

ISBN 978-7-111-66658-5

Ⅰ.①P…　Ⅱ.①赵…②王…　Ⅲ.①可视化软件-数据分析　Ⅳ.①TP317.3

中国版本图书馆 CIP 数据核字（2020）第 184018 号

机械工业出版社（北京市百万庄大街 22 号　邮政编码 100037）
策划编辑：杨　源　责任编辑：杨　源
责任校对：徐红语　责任印制：常天培
固安县铭成印刷有限公司印刷
2025 年 1 月第 1 版第 4 次印刷
169mm×239mm · 11.5 印张 · 284 千字
标准书号：ISBN 978-7-111-66658-5
定价：79.80 元

电话服务　　网络服务
客服电话：010-88361066　机　工　官　网：www.cmpbook.com
010-88379833　机　工　官　博：weibo.com/cmp1952
010-68326294　金　书　网：www.golden-book.com
封底无防伪标均为盗版　机工教育服务网：www.cmpedu.com

前　言

当今，企业的经营发展都离不开数据分析的支持，根据数据分析结果，即时掌握业务管理状态，规划未来发展。以 Excel 作为桌面端应用，数据库作为后台业务平台的传统技术，已经不能完全满足用户对大数据、自助式、可视化、快速调整和交互分析的需求。这些新的挑战告诉我们，数据分析已经进入“全员商业智能”的新阶段。

微软商业智能可视化数据分析工具 Power BI 与 Office 一样简单易用，是理想的“全员商业智能”产品。它包括 Power BI Desktop、Power BI Online Service、Power BI App 等组件，并以互联网思维打造，且 Desktop 版（即桌面版）完全免费使用，已经连续 3 年在同类产品中排名第一。Excel 2016 以上版本也融入了 Power BI 部分技术，大大增强了 Excel 的数据处理建模分析能力。

我们将 Power BI 与实际应用相结合，按照数据分析流程向读者介绍如何利用 Power BI 完成数据导入、清洗与预处理、建立数据分析模型、可视化报表设计、在线报表发布。通过案例演示，让从事销售、采购、财务、人事等数据分析岗位的读者快速掌握 Power BI 应用。本书中的操作界面以 2020 年更新版本为主。

本书内容

全书共分为 5 章，从大数据可视化分析入门开始，再结合大数据分析流程，用严谨的逻辑思路完成每个章节的案例讲解。

第 1 章　回顾企业数据管理、分析中遇到的问题与挑战；了解什么是商业智能，什么是数据可视化分析；Microsoft Power BI 技术的特点与产品组成。

第 2 章　数据规范化是数据可视化统计分析的基础，本章介绍的内容涉及数据获取、数据清洗、数据结构调整、多重数据追加合并四个方面。

第 3 章　数据分析模型是 Power BI 的主要功能，负责对查询加载的外部数据建立关系结构、进行分析计算，本章介绍的内容涉及数据关系结构建立、DAX 数据表达式、计算列与度量值计算等技术。

第 4 章　在 Power BI Desktop 中选择不同类型的可视化对象，访问在线图表模板，构建业务分析各个维度综合可视化报表，并根据数据源控制数据交互分析设置。

第 5 章　讲解 Power BI 服务的相关功能，实现从 Desktop 客户端发布报表给团队成员，完成数据分析团队协作。

本书特点

全书内容根据销售数据分析设计案例，将 Power BI 各个功能组件的规范使用思路与操作技巧融合在不同的章节模块中。

本书主要有以下特点：

- 逻辑结构清晰，书中思路主线明确，按章节顺序展开一个综合案例，让读者可以完整学习数据分析的每个环节。每章在前面有知识思维导图，最后有知识总结，读者可以轻松掌握关键知识点。
- 还原实战场景，书中的案例有场景、有问题，尽可能还原工作中的实际场景，让读者掌握后容易举一反三进行应用。
- 图解关键步骤，本书没有采取详细列举操作步骤的撰写方法，仅对关键步骤进行图示标记说明。
- 配套案例文档，将书中讲解的案例素材文档进行分享，方便读者学习和演练，并提供视频教程优惠码，配套案例文档和视频教程优惠码获取方法详见封底说明。

本书适合对象

本书适合有一定 Excel 软件基础的职场人士阅读，对于关键操作步骤会用图示展现，希望能帮助读者实现快速阅读、快速掌握。

反馈

书中难免有错漏之处，希望广大读者批评、指正，可以通过以下方式联系我们。

邮箱：wzhchvip@163. com

微信公众号：Office 职场训练营

本书的提高和改进离不开读者的帮助和时间的考验。

在写作过程中，感谢苏家杏先生、赵保恒先生、许盼攀先生、闫珑先生和章永启先生在百忙之中的推荐，感谢编者家人的全力支持。

编　者

2020 年 7 月

目　录

第1章 Power BI 数据可视化分析技术

Microsoft Power BI 是一套基于云的商业智能工具，可以帮助你通过可视化和交互式报告来分析与查看业务数据。所有重要的应用程序和数据库都可以集中到一个仪表板中，用户可以轻松地在多个设备上创建、更新、组织和共享报告，实时获取数据分析见解，从而辅助企业管理决策。

本章带你回顾企业数据管理、分析中遇到的问题与挑战；了解什么是商业智能，什么是数据可视化分析；微软 Power BI 技术的特点与产品组成。如果日常工作中经常使用 Excel，对 Excel 的常用函数、数据透视表等功能有较好的掌握，相信可以轻松地完成本书内容的学习。本章的知识结构思维导图见图 1-1。

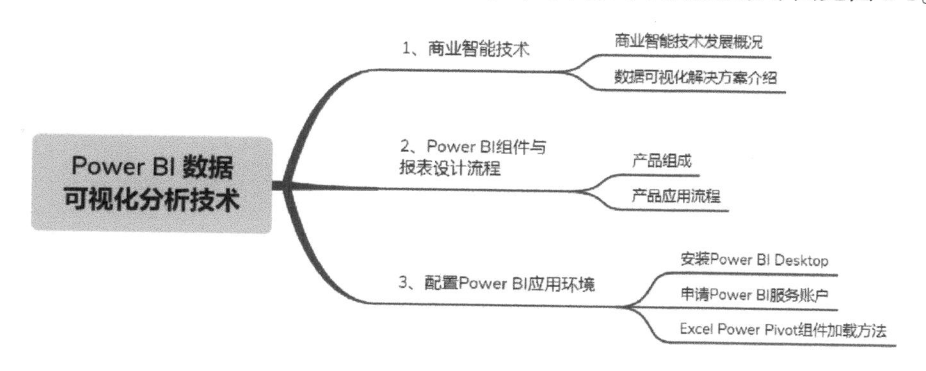

图 1-1　第 1 章知识结构思维导图

1.1　商业智能技术

商业智能（Business Intelligence，BI，又称商业智慧或商务智能）技术用来解决企业中大数据管理、分析的需求，帮助用户高效地展现数据发展变化的趋势，挖掘数据中有价值的信息，快速完成最新业务数据分析，推动发现更多见解，为企业管理和发展提供决策依据。

1.1.1 商业智能技术发展概况

在日常工作中，我们每天都会收到同事发来的各种类型的数据，包括报表、电子表格、含图表的电子邮件，参见图 1-2 示意。随着企业发展数据累积，在需要时快速找到所需数据变得更加困难。数据太多会增加使用的风险，具体表现为数据更新不够及时，大数据维护困难；业务数据问题不能及时、直观呈现，分析维度不能根据业务需求灵活调整；数据分享安全控制困难。

图 1-2 数据需求示意

商业智能领域相关产品技术已经进行了几代更新，从早期的技术人员利用程序语言定制开发的报表，到自助式分析工具应用，再到现在流行的数据分析可视化工具，总体已经经历了三代技术更新，见图 1-3。

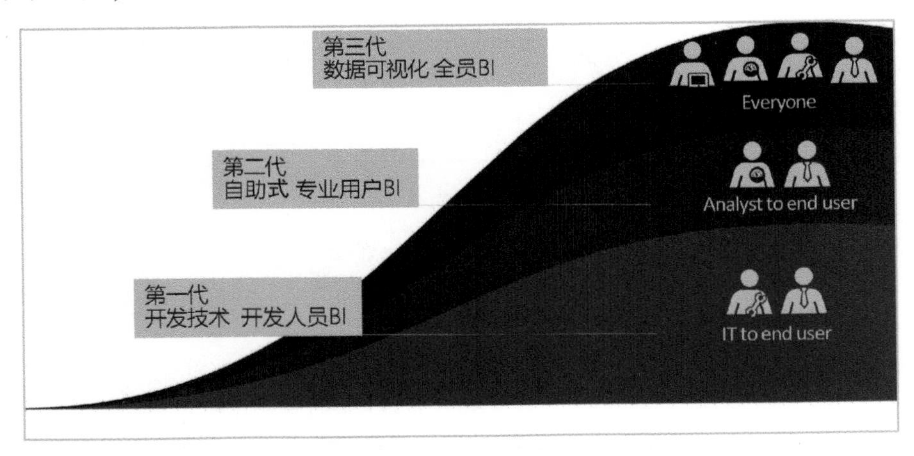

图 1-3 商业智能技术发展的三个阶段

1.1.2 数据可视化解决方案介绍

第三代商业智能技术包括的数据可视化是指将经过采集、清洗、转换、处理过的数据映射为图形、图像、动画等可视化的形式，并可以进行多维度、多层次的交互分析，以直观的可视化方式发现数据蕴涵的规律和特征，从而实现对复杂数据进行深入洞察。

Gartner 是全球最具权威的 IT 研究与顾问咨询公司，每年二月份发布分析和商业智能平台魔力象限。目前在商业智能可视化分析领域领先的是 Microsoft、Tableau 和 Qlik，见图 1-4。

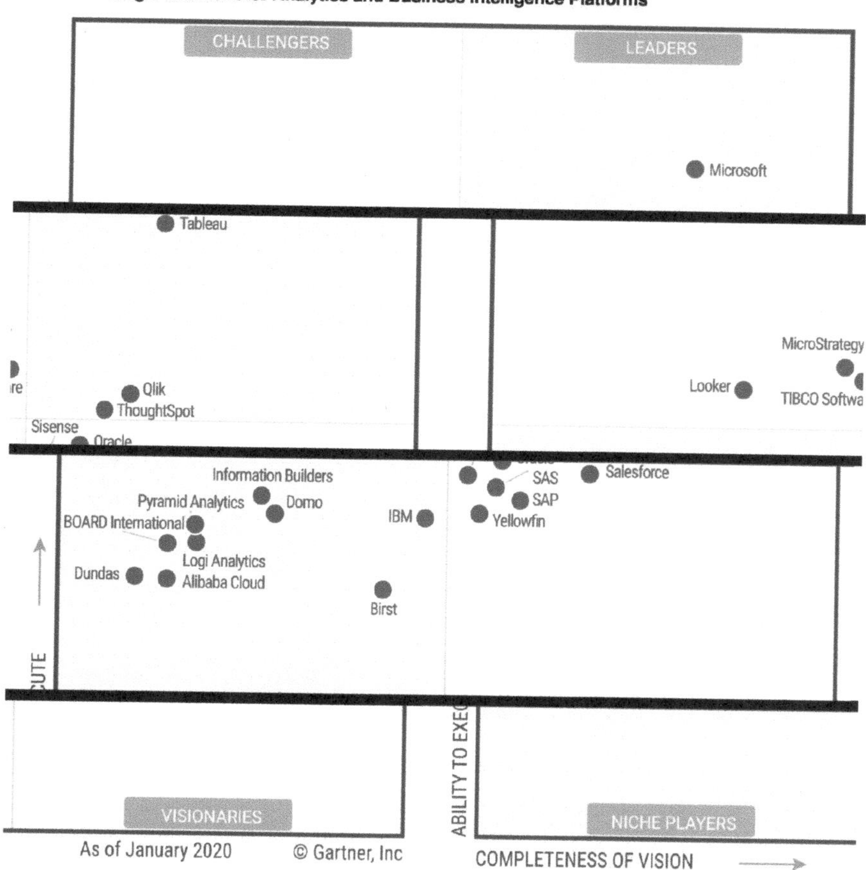

图 1-4　Gartner 关于商业智能的分析

三大商业智能可视化产品 LOGO 见图 1-5。

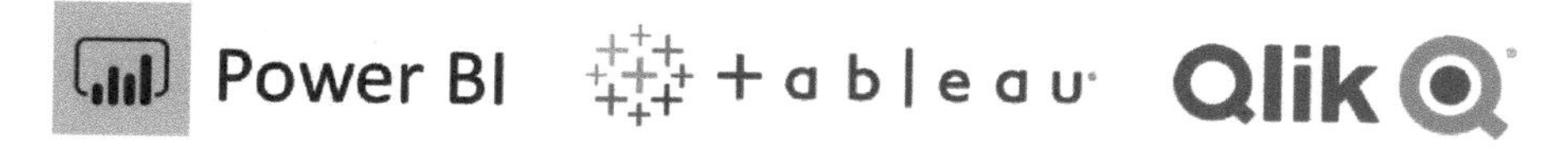

图 1-5　三大商业智能可视化产品 LOGO

这些产品共有的特点如下：

- 自助式数据分析，彻底摆脱技术的制约。
- 多维度多层次数据分析，交叉筛选交互式分析。
- 炫酷且实用的可视化数据分析。
- 可以将可视化图表背后的数据表导出。
- 数据分析报告，用数据讲故事。

可视化效果示意见图 1-6。

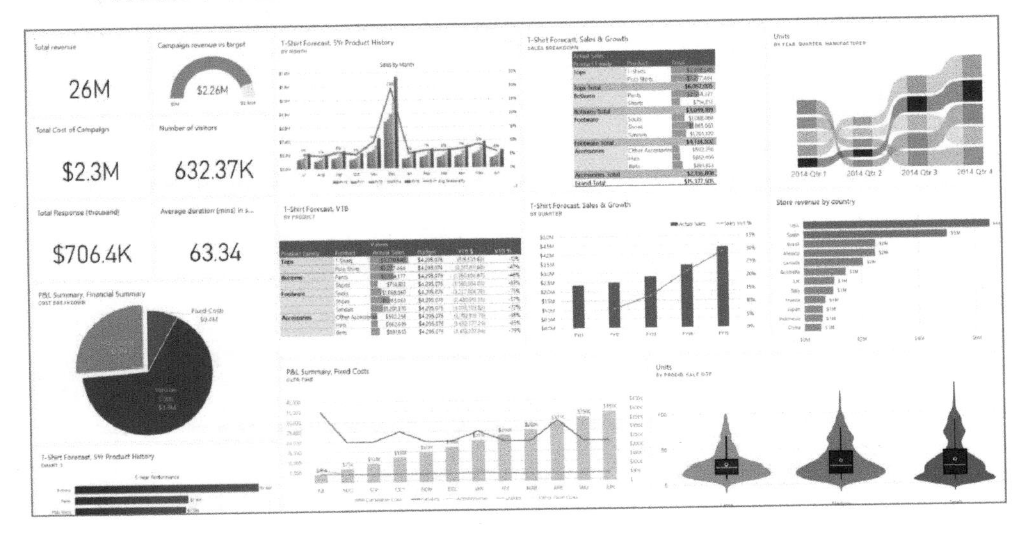

图 1-6　商业智能可视化效果示意

1.2　Power BI 组件与报表设计流程

我们可以看到，根据 Gartner 评测，微软在这一领域保持了绝对的优势，具体产品功能这里不做比较了，但是可以了解到两个主要原因：

1）互联网思维打造产品。Power BI 具备免费的桌面端，而且每月更新，持续完善。

2）庞大的 Excel 用户基础。Power BI 可以处理电子表格数据，还与 Excel 有很多功能融合。

本节我们将带领读者了解 Power BI 产品整体概况。

1.2.1　产品组成

Power BI 可以将所有企业数据都转换为图表，以有意义的方式直观呈现数据，有助于简化你的工作，并提高工作效率。Power BI 产品技术包括两套解决方案，这两套方案可以根据下面的情况进行选择：

1. Power BI 在线服务与 Power BI 客户端

- 需要丰富直观的报表，进行数据分析展示。
- 需要在线发布，分享数据分析结果。
- 现有的 Office 版本较低，Excel 不能支持最近加载工具。

2. Excel Power 组件：Power Query、Power Pivot、Power View、Power Map

- Office 已经升级到 2016 及以上版本（仅专业增强版提供）；低版本需要单独安装插件，但插件更新不及时。
- 希望提升 Excel 数据处理分析能力，日常数据分析多在 Excel 中完成，可以选择 Excel Power 组件。

图 1-7 展示了两套方案所包含的组件。用户还可以看到 Excel 中 Power 组件生成的“数据模型”可以导入 Power BI Desktop，通过后者继续进行报表设计与分享。

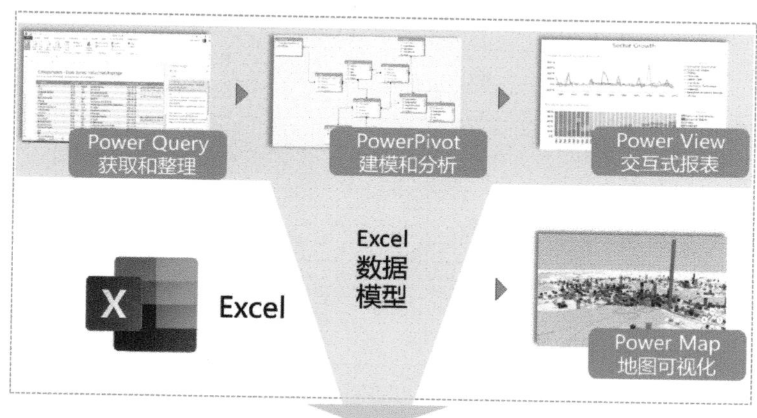

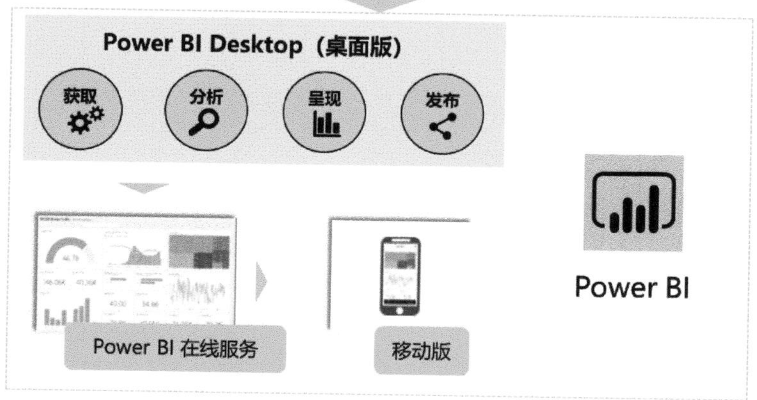

图 1-7　Power BI 产品构成

Power BI 在线云服务的形式提供，不仅可以完成报表的在线发布，还可以在浏览器中访问基础数据，直接创建编辑报表。

Power BI 解决方案还提供了组织内部部署、发布报表的组件——Power BI Report Server。如果用户单位 IT 环境要求使用本地部署的服务器，可以在内部网络环境部署这套系统。但是它的功能相比云服务版本差很多，更新周期也比较长。

1.2.2 产品应用流程

Power BI 与其他数据分析工具使用思路相同，各个组件之间通过严谨的逻辑配合工作。通过本书的学习与练习，用户可以掌握数据分析技术的普遍规律。

数据可视化应用过程通常由四个步骤组成，表 1-1 中我们按顺序，说明了每个步骤要完成的任务。同时，对照说明了 Power BI 和 Excel 环境中对应的组件或功能模块。

表 1-1 Power BI 数据分析步骤和对应模块

步 骤	任 务	Power BI 组件功能	Excel 组件功能
第 1 步	获取追加数据 ■ 数据导入 ■ 数据清洗 ■ 数据追加	Power Query	Power Query
第 2 步	设计数据模型 ■ 创建表格关系 ■ 设计度量值公式	数据模型	Power Pivot
第 3 步	可视化图表设计 ■ 互动图表 ■ 筛选交互设计	报表	数据透视表 Power View Power Map
第 4 步	发布报表 ■ 发布到工作空间 ■ 共享报表	Power BI 在线服务	无

因为数据分析步骤之间逻辑要求严谨，所以本书后续章节将按照这个顺序，带着读者完成 Power BI 技术学习。

按照以上步骤，从 Power BI Desktop 设计报表到在线发布按图 1-8 的过程来完成。

如果从 Excel 开始进行数据分析，然后进行数据可视化设计分享，可以按图 1-9 的流程来完成。导入到 Power BI 中的包括 Power Query 数据查询、Power Pivot 数据模型、Power View 动态图表。

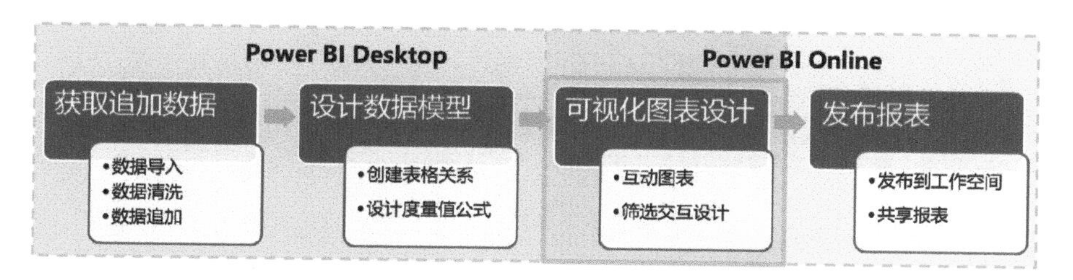

图 1-8　Power BI 数据分析流程示意

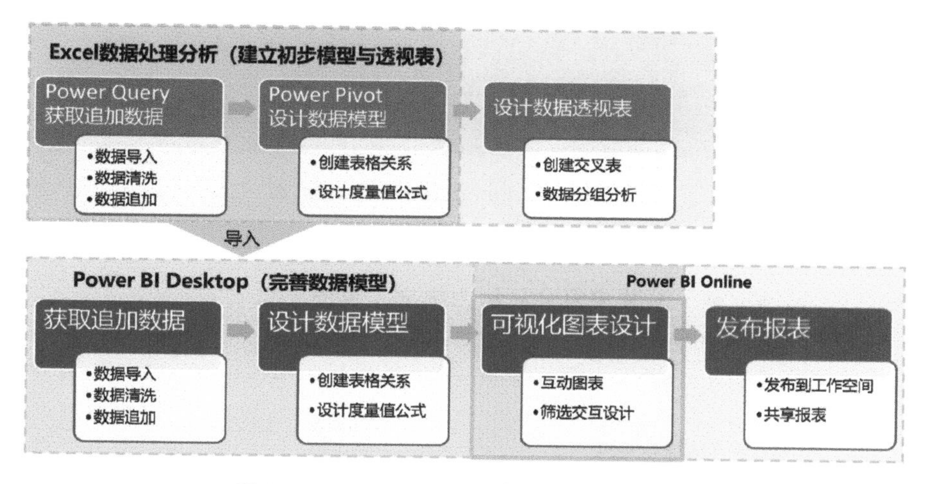

图 1-9　Excel + Power BI 数据分析流程示意

Excel 中另外两个组件：Power View、Power Map，因为功能和需求的限制，微软也不将其作为应用重点，本书没有详细讲解这两部分。

1.3　配置 Power BI 应用环境

本节介绍 Power BI 软件安装和账户申请，以及在 Excel 中加载 Power Pivot 组件的方法。

1.3.1　安装 Power BI Desktop

Power BI Desktop 是我们进行数据可视化分析最主要的工具。下面看看如何完成它的安装。

1. 下载 Power BI Desktop

1）访问微软 Power BI 产品网站 https：//Power BI. microsoft. com/zh-cn/desktop/，推荐选择“查看下载或语言选项”链接，见图 1-10。

图 1-10　微软 Power BI 产品网站界面

2）在页面中选择语言。如果原来页面中显示的是英文“Download”，那么选择语言后稍等片刻，下载按钮会显示为中文，见图 1-11。

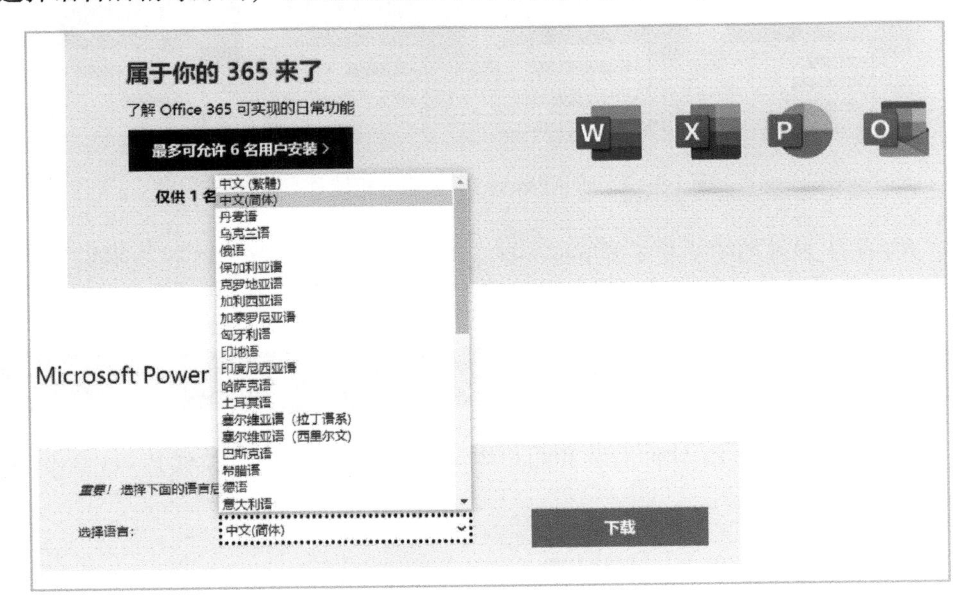

图 1-11　选择对应的语言

3）选择你要下载的程序，见图 1-12。这里提供 64 位和 32 位两个版本的安装程序，如果 Windows 操作系统是 64 位版本，推荐下载 PBI Desktop Setup_x64. exe，这样可以充分利用内存资源，数据处理速度会更快。

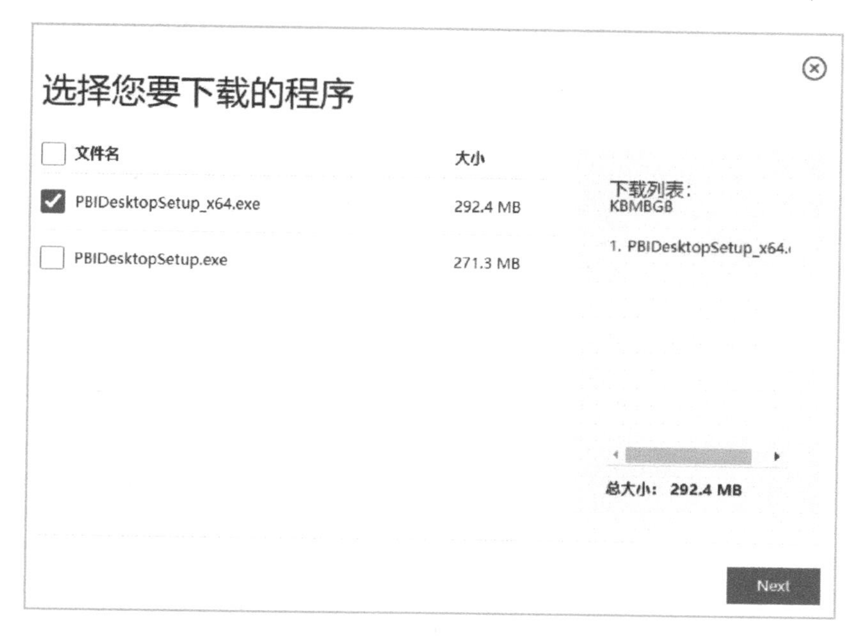

图 1-12　选择下载程序

2. 安装启动 Power BI Desktop

1）运行下载的安装程序，按照向导步骤进行安装，不用做任何调整，见图 1-13。如果下载了更新版本的安装程序，可以直接安装，不用卸载以前的程序。

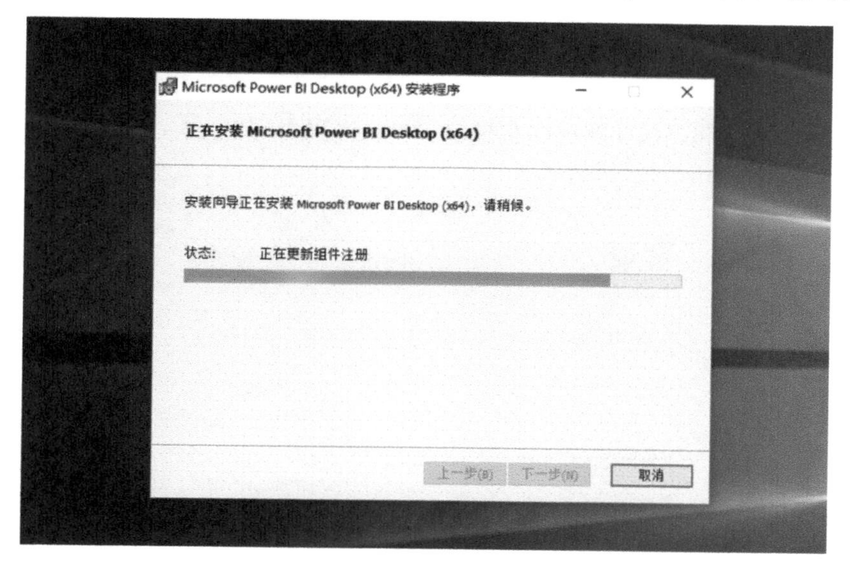

图 1-13　Power BI Desktop 安装示意

2）启动程序。Power BI 支持单机免费使用，但是初次启动还是会出现注册服务欢迎页面，见图 1-14。选择页面左下角的“已有 Power BI 账户？请登录”链接就可以跳过这个页面，下次也不会再出现了。

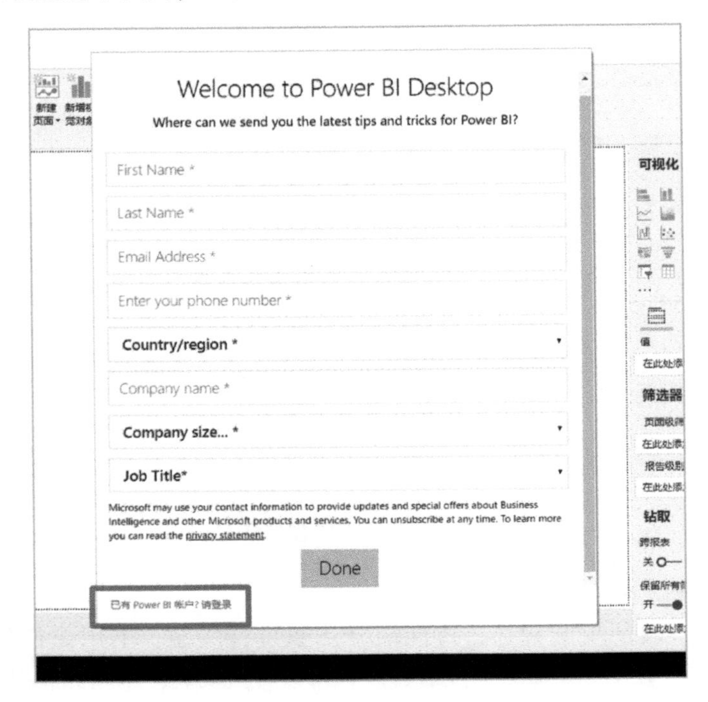

图 1-14　Power BI 登录界面

3）跳过注册页面后，还会出现“登录”对话框，可以直接单击右上角的关闭按钮退出对话框，这样就可以直接使用 Power BI Desktop 了，见图 1-15。

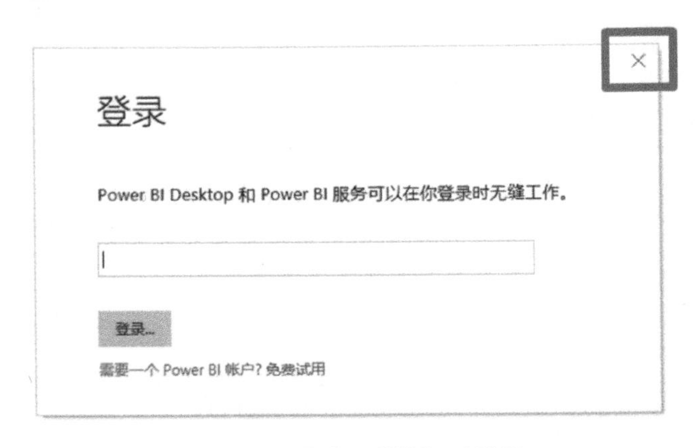

图 1-15　跳过“登录”对话框

4）首次启动 Power BI Desktop 还会看到“欢迎”屏幕，见图 1-16。在欢迎屏幕中，可获取数据，查看最近使用的源，打开最近使用的报表，打开其他报表，或选择其他链接。选择右上角的关闭按钮可关闭欢迎屏幕。

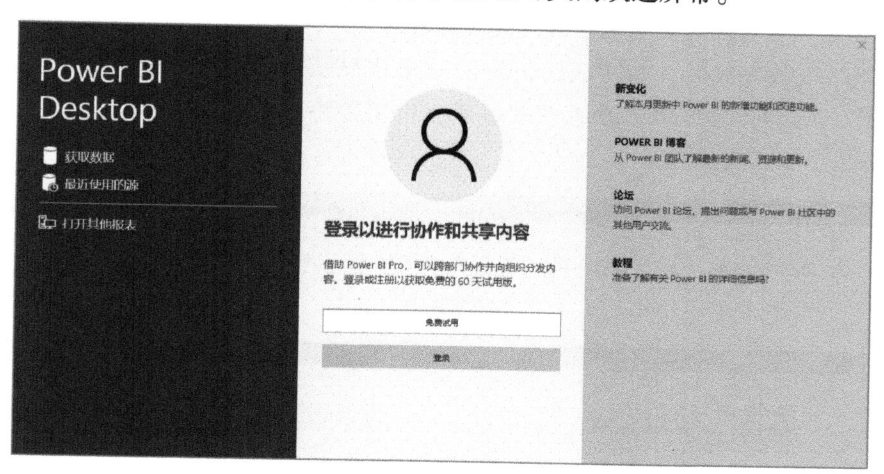

图 1-16　Power BI 的欢迎屏幕

3. Power BI Desktop 工作界面

Power BI Desktop 工作界面主要由快速访问工具栏功能区、视图工作区、登录账号、任务窗格组成，见图 1-17。

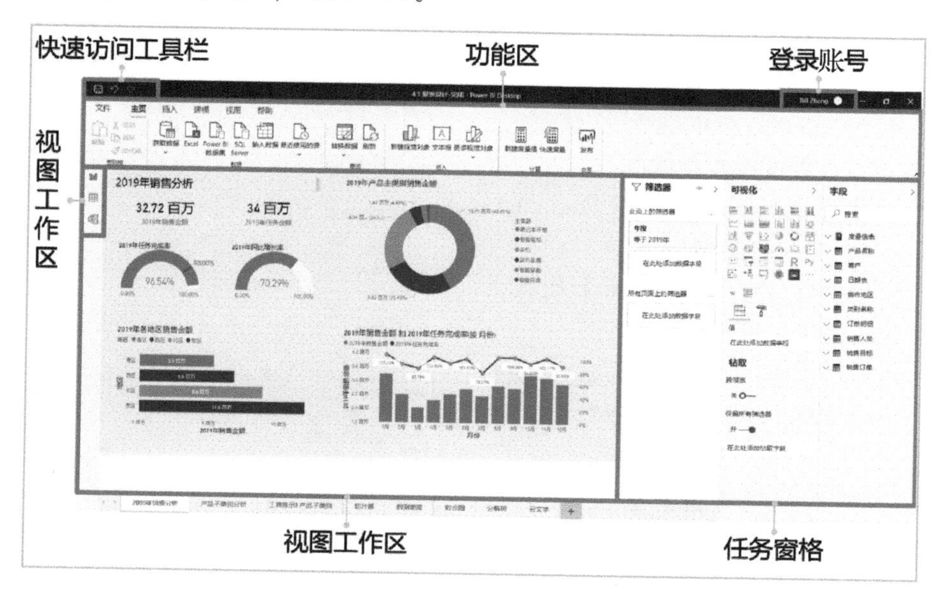

图 1-17　Power BI Desktop 工作界面

2019 年 12 月更新的 Power BI Desktop 预览功能中，提供了功能区更新，因此功能区界面分为“传统模式”和“更新现代模式”。现在最新下载的安装程序已经将“现代模式”界面设为默认界面。图 1-17 中我们看到的功能区是更新的现代模式，本书默认采用更新的功能区模式。

刚刚安装完成后，功能区以折叠简洁形式显示，为了能方便查看功能按钮的名称，在本书中使用功能区展开形式。可以单击功能区右侧的三角按钮，切换功能区，见图 1-18。

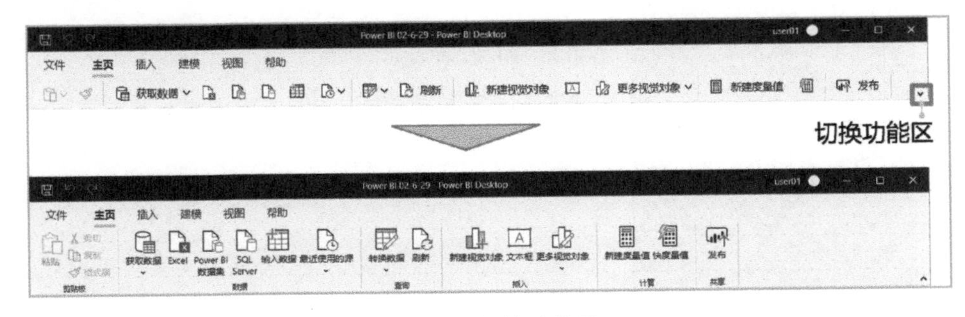

图 1-18　切换功能区

在更新的功能区中，可以访问到所有现有的功能，随着时间的推移，将添加更多功能。更新现代模式功能区有如下好处：

- 简化报表设计体验。
- 与 Microsoft Office 风格保持一致，界面感觉很熟悉。
- 提供视觉更新，使用 Power BI UI 的现代风格。

如果想在两种风格界面中切换，那么方法如下：

1）从功能区“文件”选项卡中找到“选项和设置”-“选项”，见图 1-19。

2）在对话框中选择“全局” - “预览功能”，勾选全部预览功能，其中包括“更新的功能区”，见图 1-20。

图 1-21 是更新前后功能区的对比。

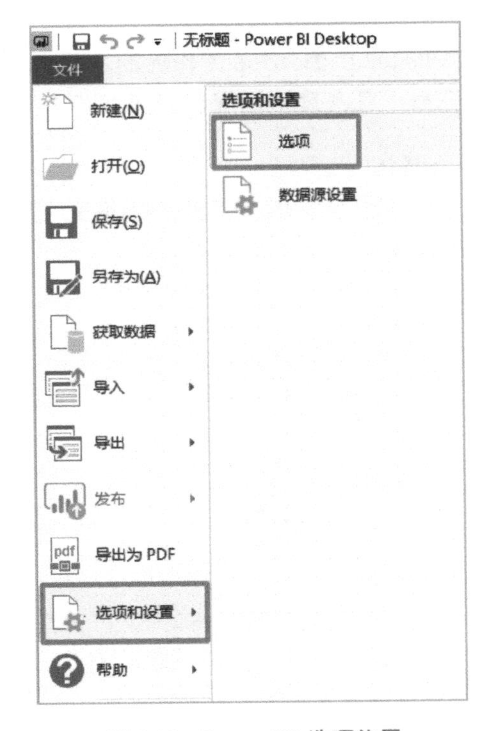

图 1-19　Power BI 选项位置

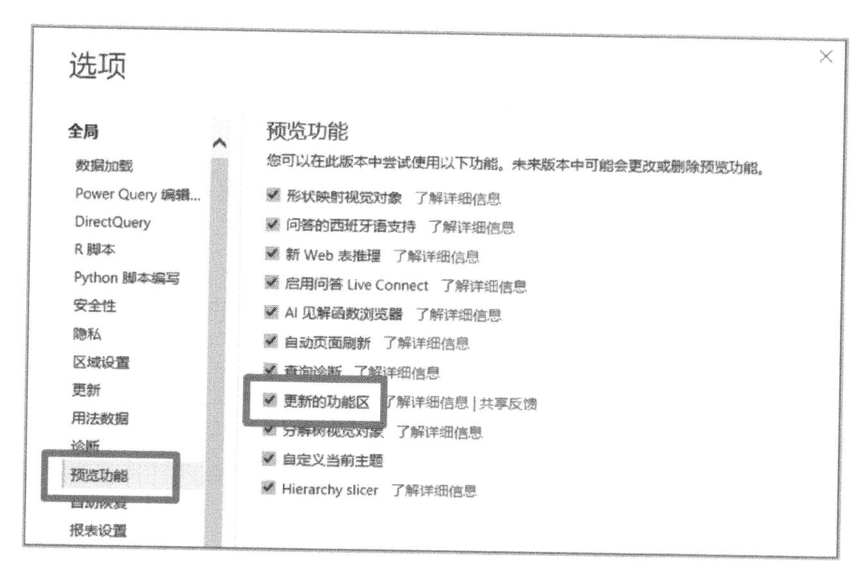

图 1-20　Power BI 开启预览功能

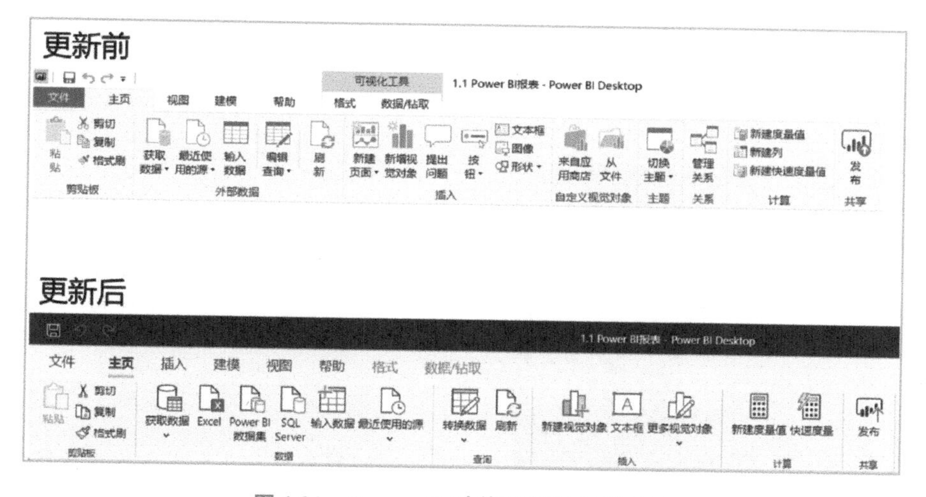

图 1-21　Power BI 功能区更新前后对比

1.3.2　申请 Power BI 服务账户

Power BI Online Service 简称 Power BI 服务，它是基于微软 Office 365 平台提供的云端数据报表服务。Office 365 分为国际版和中国版（世纪互联版），本书将基于国际版环境演示相关功能。如果要体验在线服务，可以申请 30 天免费试用，共有两套申请方案：

方案 1：从 Power BI 主页申请。当我们登录 Power BI. microsoft. com 主页后，可以看到直接申请在线服务的链接。这种方案主要的问题是注册过程中必须提供的电子邮件地址不能用免费邮箱，要有正式域名的邮箱地址。这样对于一部分用户进行测试造成了很大麻烦。

方案 2：申请 Office 365，补充订阅 Power BI 服务。这种方案的好处有两点：

- 可以试用个人免费邮箱多次注册。
- 完整体验 Office 365 + Power BI 的云计算功能。

接下来为大家介绍如何从注册 Office 365 开始一步步完成 Power BI 服务试用版申请。

1. 申请 Office 365

Office 365 包含多个版本，每一个版本就像一套产品套餐，包含了不同组件，不同版本可以满足大型企业、中小企业、家庭、学生等用户群体需求。下面申请大型企业级产品组合——Office 365 E3 版本。

1）登录 Office 365 主页 office. microsoft. com，选择产品菜单中的“大型企业版”，见图 1-22。

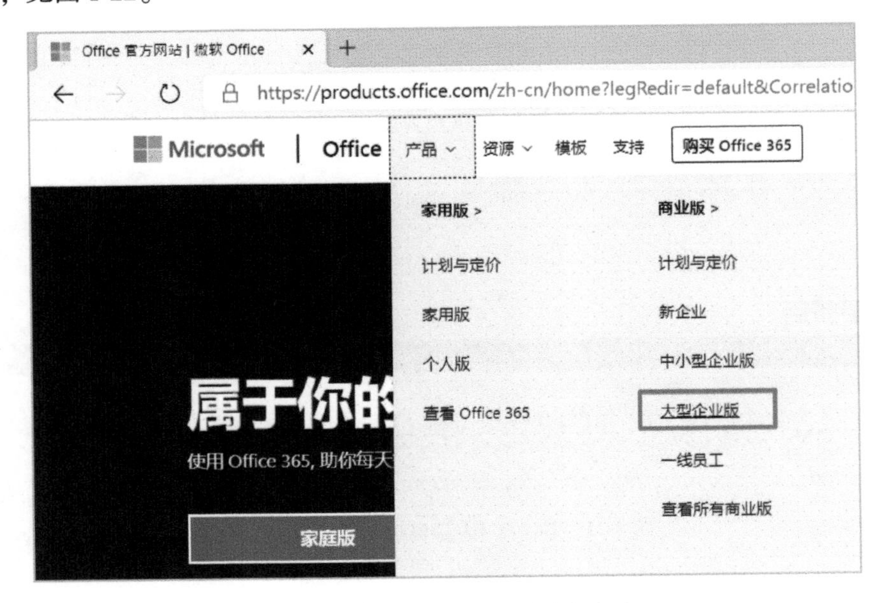

图 1-22　在 Office 365 主页选择版本

2）在大型企业 Office 365 页面中选择“Office 365 E3”的“免费试用”链接。虽然 E3 版本不包含 Power BI，但是可以后续增加产品订阅，见图 1-23。

3）开始试用版申请的第一步是填写用户基本信息，见图 1-24。这里的电子邮件可以填写个人免费邮箱。

图 1-23　申请免费试用

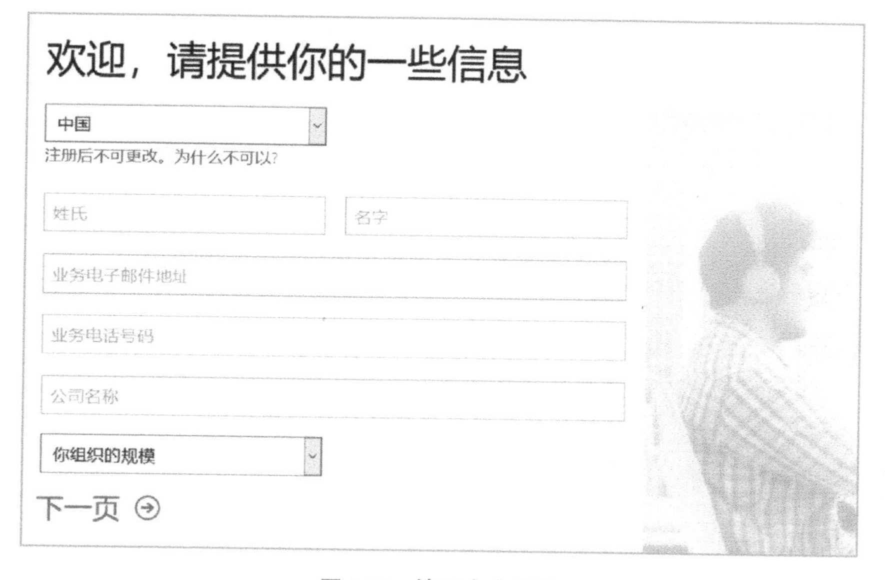

图 1-24　填写个人信息

4）创建第一个用户账号——系统管理员，同时决定临时的域名关键字，见图 1-25。这个临时域名结尾部分统一是 . onmicrosoft. com；@ 后面的部分可以自己任意定义，经过系统验证后，才可以进行下面的步骤。今后可以将这个域名绑定上正式的互联网域名。

5）给手机发送验证码短信，见图 1-26。这里经常会忘记选择国家区号，希望读者认真检查。

6）完成注册，见图 1-27。申请完成后，会收到注册成功的邮件通知。

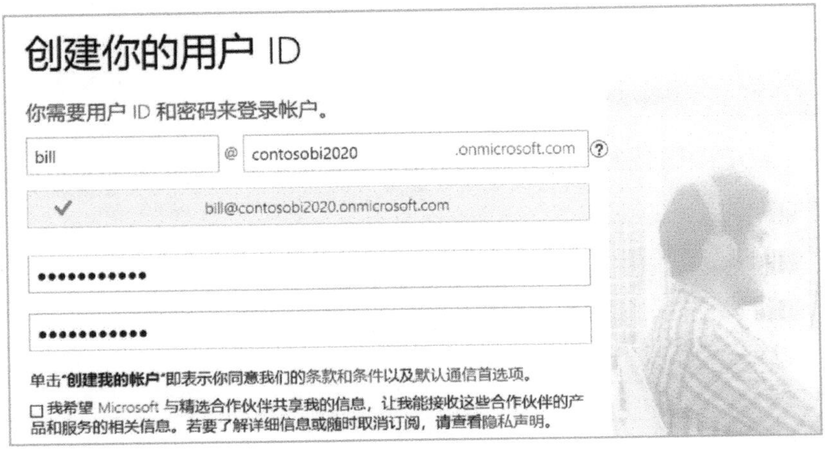

创建你的用户 ID
你需要用户 ID 和密码来登录帐户。
bill
@
contosobi2020
.onmicrosoft.com
bill@contosobi2020.onmicrosoft.com
单击"创建我的帐户"即表示你同意我们的条款和条件以及默认通信首选项。
我希望 Microsoft 与精选合作伙伴共享我的信息，让我能接收这些合作伙伴的产品和服务的相关信息。若要了解详细信息或随时取消订阅，请查看隐私声明。

图 1-25　创建用户 ID

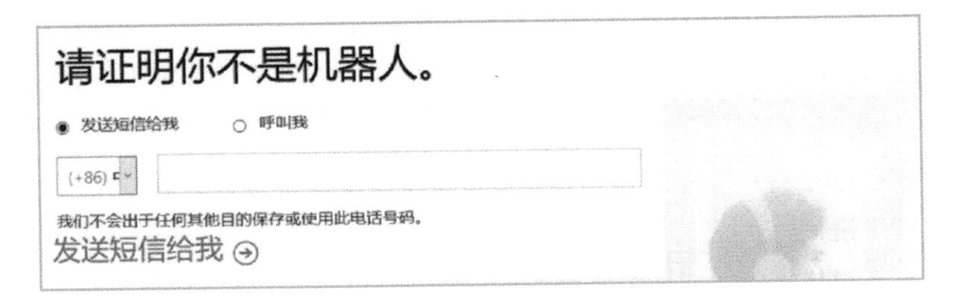

请证明你不是机器人。
发送短信给我
呼叫我
(+86)
我们不会出于任何其他目的保存或使用此电话号码。
发送短信给我

图 1-26　发送验证码

Microsoft 365 E3 试用版
保存此信息。你稍后将需要它。
登录页面
https://portal.office.com/
你的用户 ID
bill@contosobi2020.onmicrosoft.com
开始设置

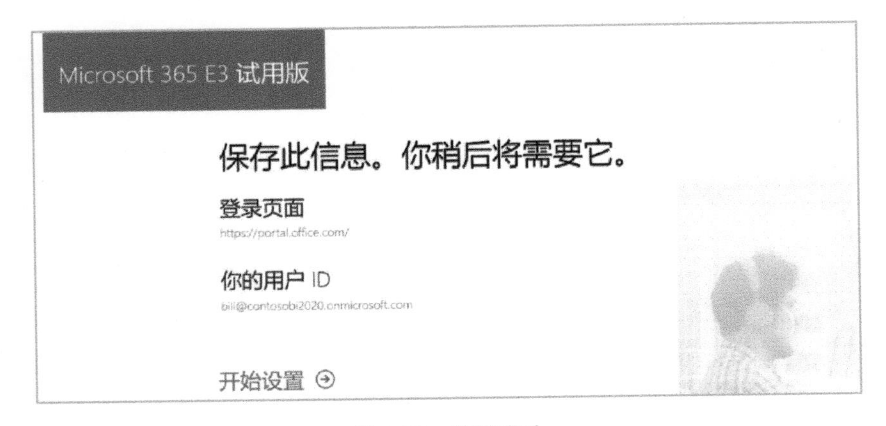

图 1-27　注册成功

7）如果单击"开始设置"，可以看到安装桌面端"Office 专业增强版"的向导页面。如果计算机上已经安装了 Office 2016 及以上版本，就不急于在这里安装 Office 了。可以单击页面右下角的“退出安装”（Exit setup）链接，跳过这一过程，见图 1-28。

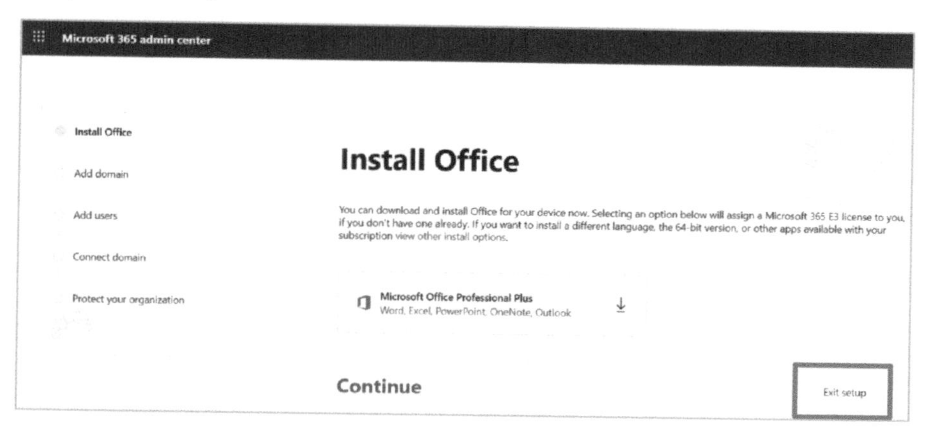

图 1-28　退出安装

8）登录 Office 365。现在就可以通过浏览器登录 Office 365 在线系统，查看各个功能组件。

登录 Office 365 地址可以选择 https：//portal. office. com，或者直接用 office. com 都可以看到登录信息。

使用注册 Office 365 的用户名、密码信息登录，见图 1-29 示意，因为这是申请系统的第一个账号，所以具有管理员权限，并具有创建其他团队成员的账户，以及分配访问权限。

图 1-29　账号登录

登录后单击“All apps”按钮，或者左上角的九宫格 ⁝⁝⁝ 图标，可以看到更多的应用程序，见图 1-30。

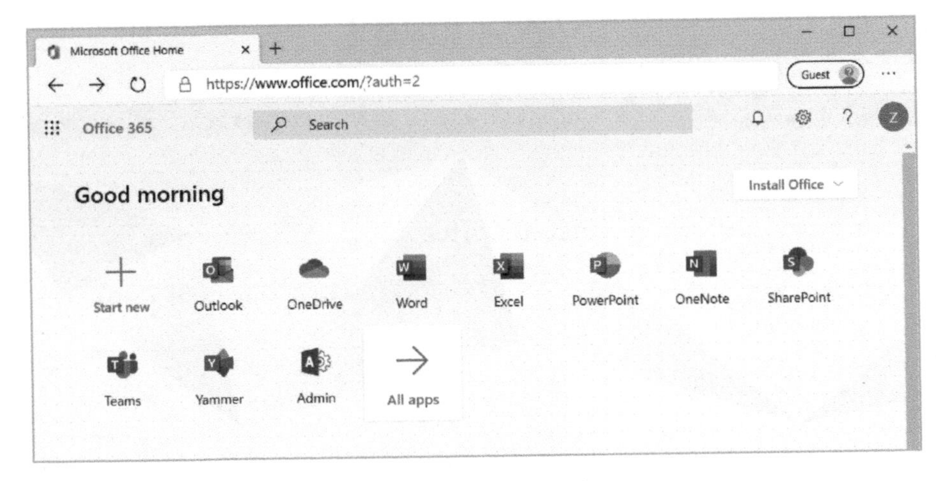

图 1-30 更多应用程序

2. 订阅 Power BI Pro

Office 365 就像一个应用商店，当选择了产品套餐后，还可以随时增加组件。下面来看看如何在 E3 环境中添加 Power BI Pro 版本试用许可。

1）打开 Office 365 管理界面，见图 1-31。

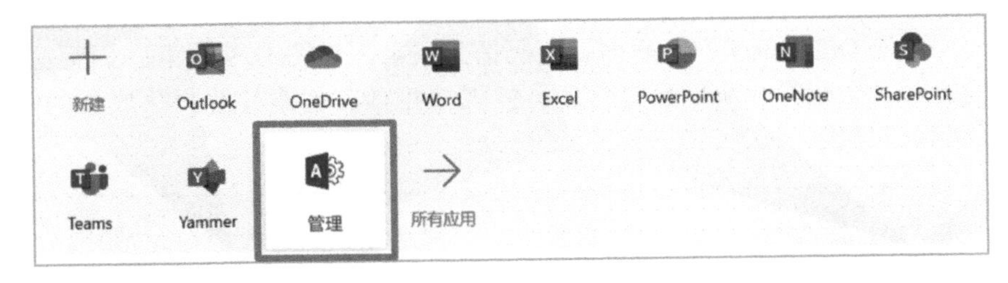

图 1-31 Office 365 管理界面

2）在左侧导航中选择“账单” – “购买服务”，见图 1-32。这里可以看到各种补充订购的在线服务，包括 Power BI Pro（30 天试用）、Power BI（免费版）。

Power BI Pro 功能更加丰富，云存储空间更大。本书选择这个试用版为读者演示。

Power BI（免费版）可以长期免费使用，每月会自动订阅下一期使用授权。它能满足基本的报表发布与在线编辑功能。

3）完成 Power BI Pro 订单，见图 1-33。

3. 为 Office 365 用户分配许可证。

下面看看如何为现有账户分配新的产品许可证，另外还会介绍如何在创建新用户时选择需要的许可证。

- 为已存在账户补充 Power BI 许可证，按图 1-34 操作顺序完成。
- 创建用户账户分配 Power BI 许可证，按图 1-35 操作顺序完成。

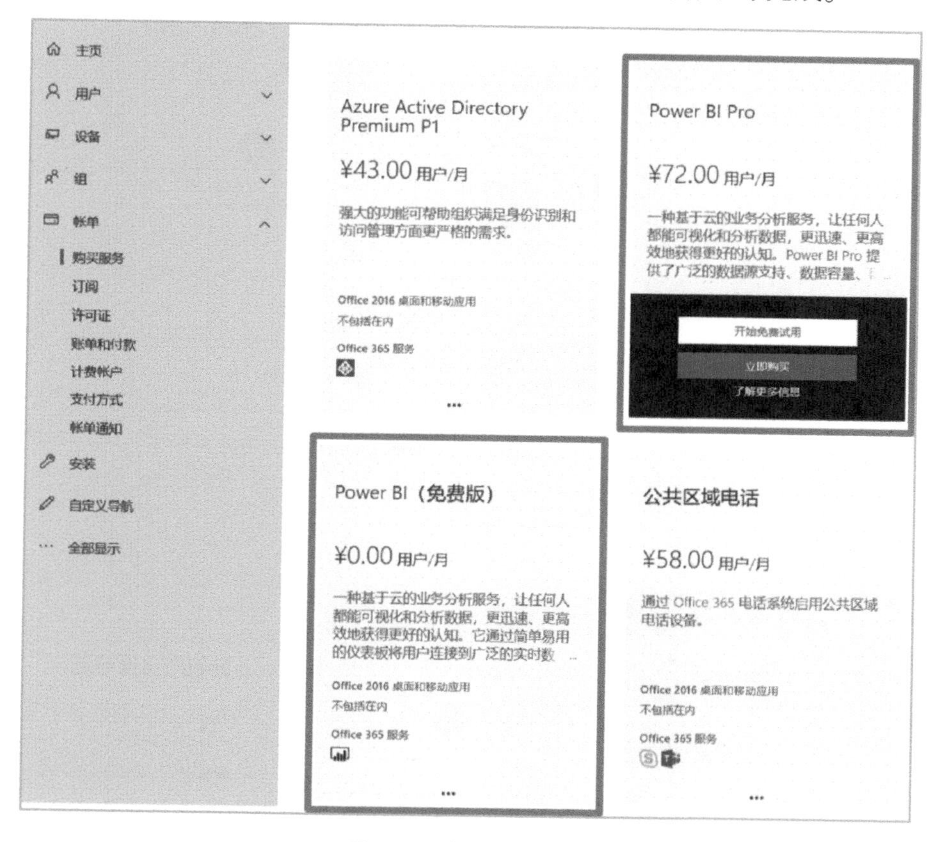

图 1-32　查看产品信息

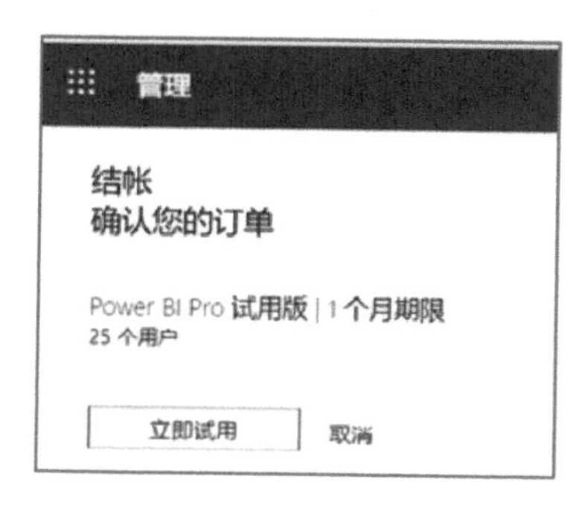

图 1-33　完成订单

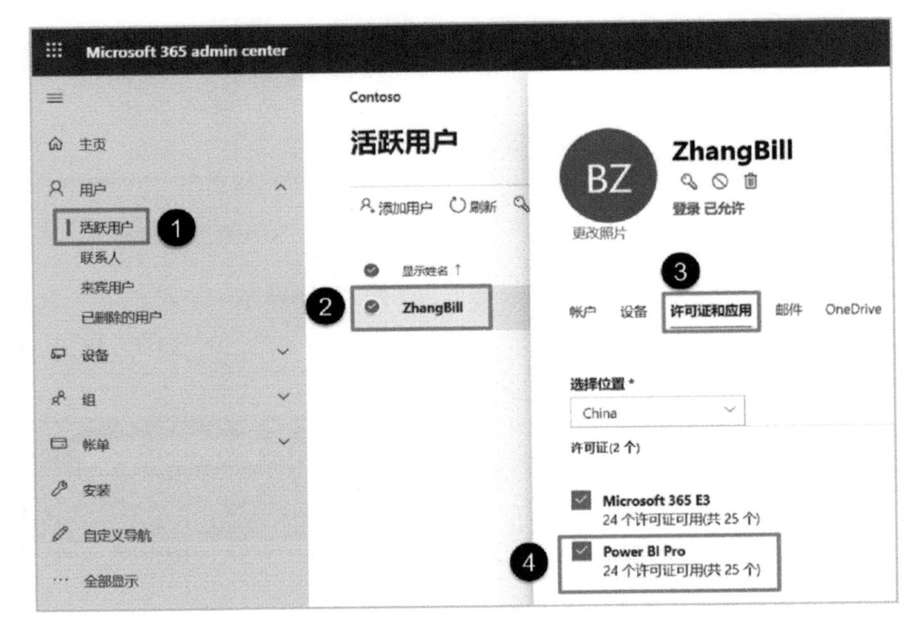

图 1-34　补充许可证示意

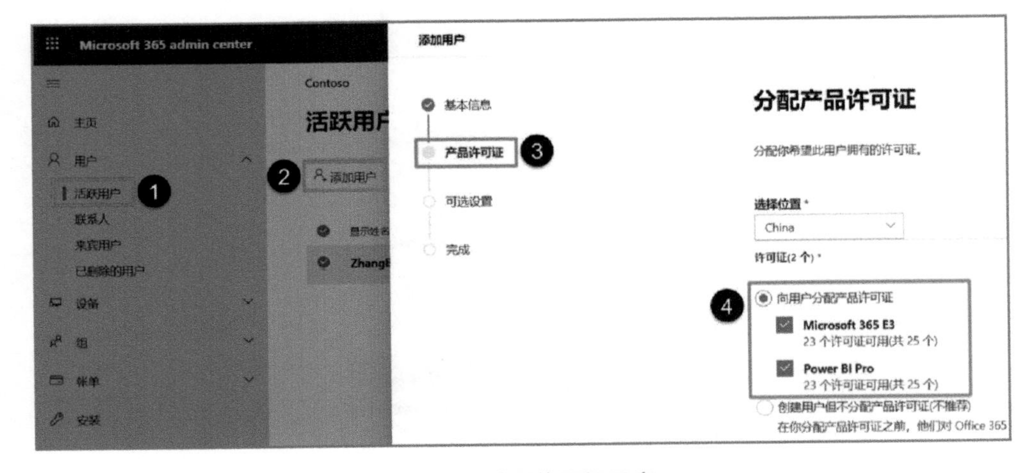

图 1-35　分配许可证示意

4. Power BI Desktop 登录账号

之前打开 Power BI Desktop 时没有登录用户账号，下面重新进行登录。

单击窗口右上角的“登录”，在出现的对话框中输入刚刚注册的用户账号，见图 1-36。

输入用户密码，完成登录，见图 1-37。

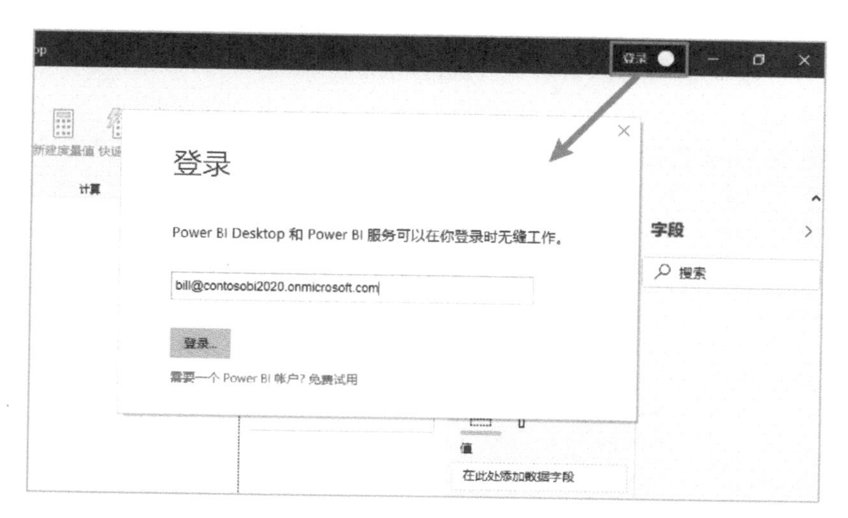

图 1-36　Power BI Desktop 登录界面 1

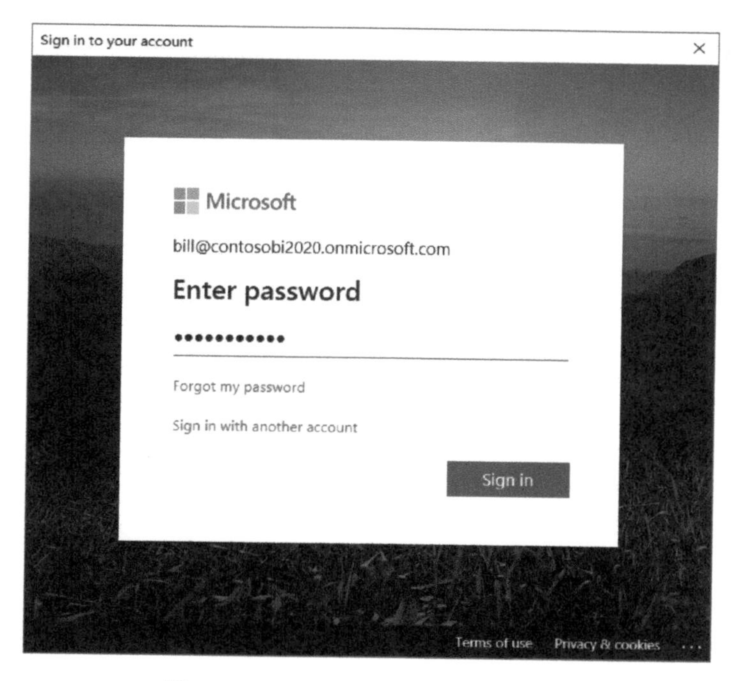

图 1-37　Power BI Desktop 登录界面 2

1.3.3　Excel Power Pivot 组件加载方法

这里介绍一下 Excel 中的 Power Pivot 组件的加载方法。

前面介绍过 Office 2016 及以上版本（专业增强版）中的 Excel 包含 4 个 Power 组件，重点是 Power Query 和 Power Pivot。

其中 Power Query 默认已经集成在“数据”选项卡的功能按钮中，可以直接使用。Power Pivot 数据建模工具是需要单独加载的工具。具体加载方法如下：

1）打开 Excel 选项，在加载项中选择“COM 加载项”，然后单击“转到”按钮，见图 1-38。

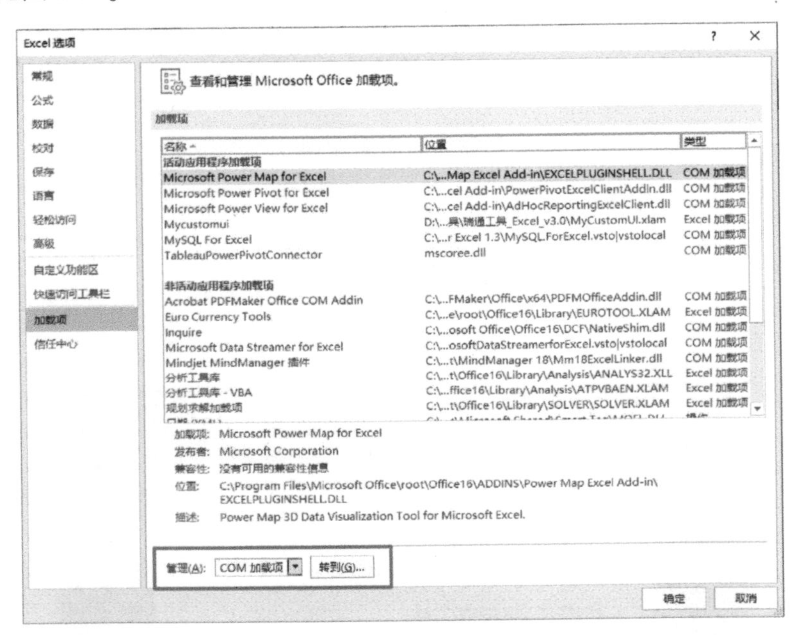

图 1-38 选择“COM 加载项”

2）在“COM 加载项”对话框中勾选“Microsoft Power Pivot for Excel”，见图 1-39。

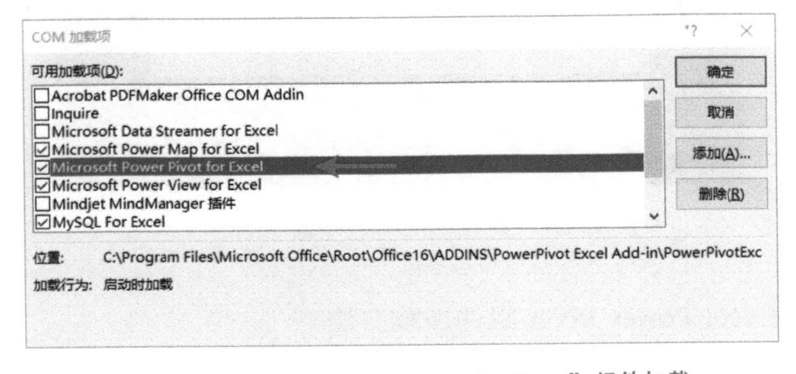

图 1-39 “Microsoft Power Pivot for Excel”组件加载

3）加载选项完成后，查看 Power Pivot 功能区选项卡，见图 1-40。

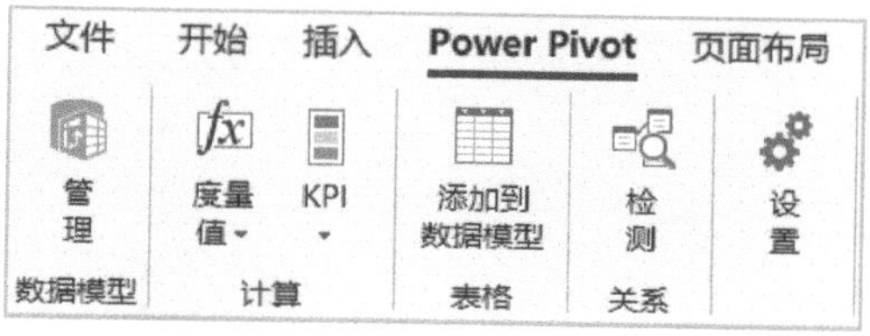

图 1-40　Power Pivot 功能区选项卡

Power Query 可以增强 Excel 的数据清洗、转换、合并能力；Power Pivot 可以完成海量数据保存，进行多表格关系模型建立。这些重要功能会在后续章节详细介绍。

1.4　总结

本章对数据可视化分析技术与工具做了初步介绍，展示了国际排名靠前的主流软件。微软的 Office 拥有广泛的用户基础、绝佳的应用体验，与其有着同样优势的 Power BI 是用户在学习中的最佳选择。本章详细介绍了 Power BI 桌面端程序的下载、安装方法；如何完成在线服务的试用申请，还介绍了 Excel 中相关组件的加载方法。在配置好这些环境以后，就可以开始后续章节的正式学习了。

第 2 章 Power Query 数据清洗与预处理

数据规范化是数据可视化统计分析的基础。因为数据不规范会导致关系模型无法建立、公式无法统计或计算错误，使很多用户经常加班加点来排查错误，调整数据。本章介绍的内容涉及 Power Query 数据导入、数据清洗、数据结构调整、多表格数据合并、Excel Power Query 数据查询应用 5 个方面，主要内容的知识点思维导图见图 2-1。

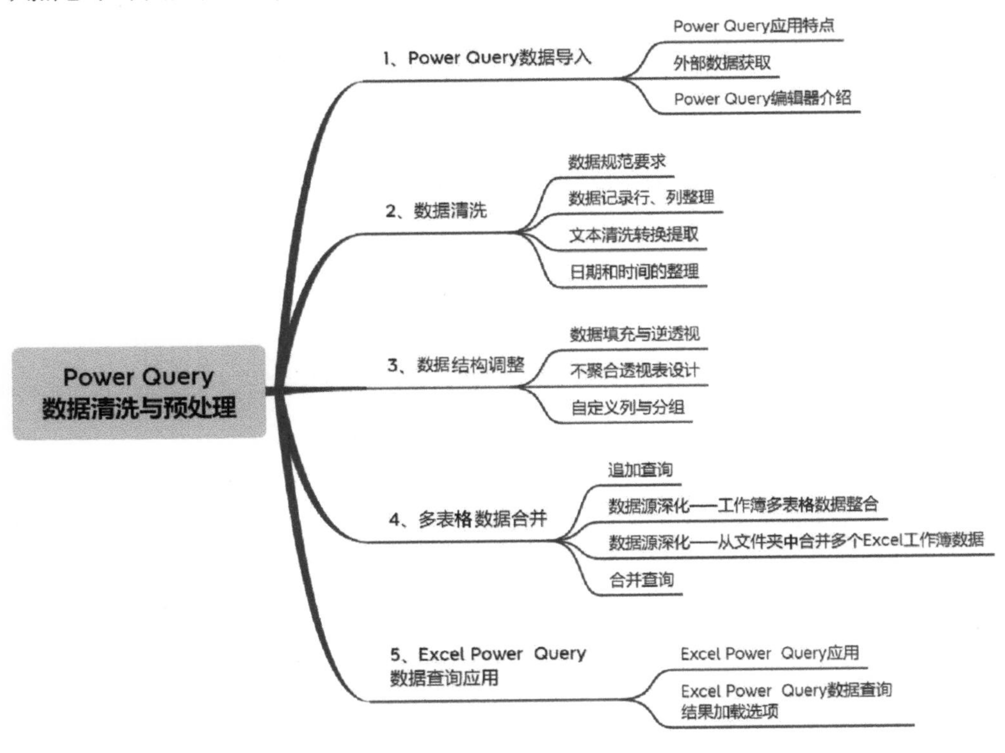

图 2-1　第 2 章知识结构思维导图

2.1　Power Query 数据导入

Power Query（简称 PQ）作为 Power BI 组件的起始端，承担着数据的加载和清洗职能。单就 PQ 而言，独立使用依然非常强大，在 Excel 365 中也完全可以应用。

2.1.1　Power Query 应用特点

Power Query 作为一个数据预处理工具，相当于大数据分析系统中的 ETL（Extract Transform Load）部分，负责完成数据的多数据源获取、清洗、转换、合并、加载等处理工作，帮助后期的数据模型分析获得规范、完整的数据源，参见图 2-2 示意。

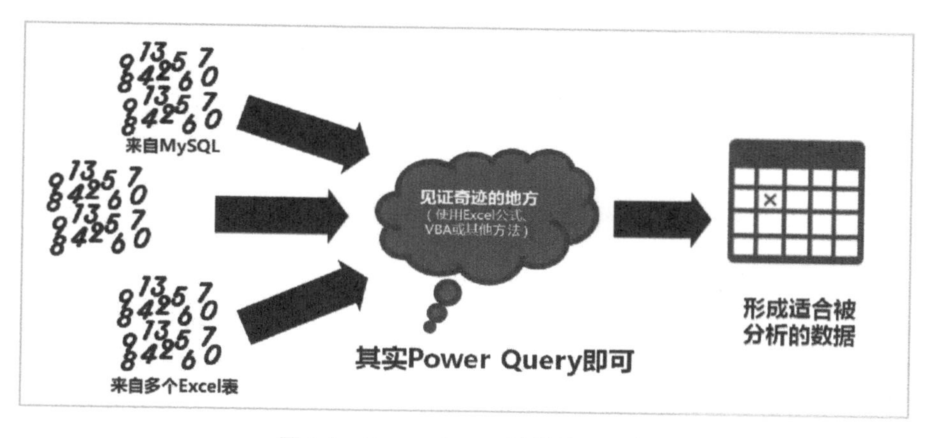

图 2-2　Power Query 数据处理示意

Power Query 应用操作分为图形化与 M 语言表达式两种模式。因为 Power BI 是一个敏捷商业智能工具，所以 Power Query 也基于这个定位，对普通数据分析人员来说，推荐的使用方式就是通过菜单界面中的功能按钮轻松完成数据处理，少量的问题解决借助 M 语言表达式（简单的编程方式）来完成，见图 2-3。

以往要完成 Excel 中大量数据处理，例如多表合并、二维交叉表转一维表等操作，用户可能会用比较低效率的手工方法完成，或者求助 IT 部门的同事帮助编写 VBA 程序完成，这些方法都不是很方便。有了 Power Query，通过几个功能按钮就可以快速完成，并且这些操作步骤还可以保存下来，后期如果数据源发生了更新，就可以继续使用之前的步骤自动处理了。

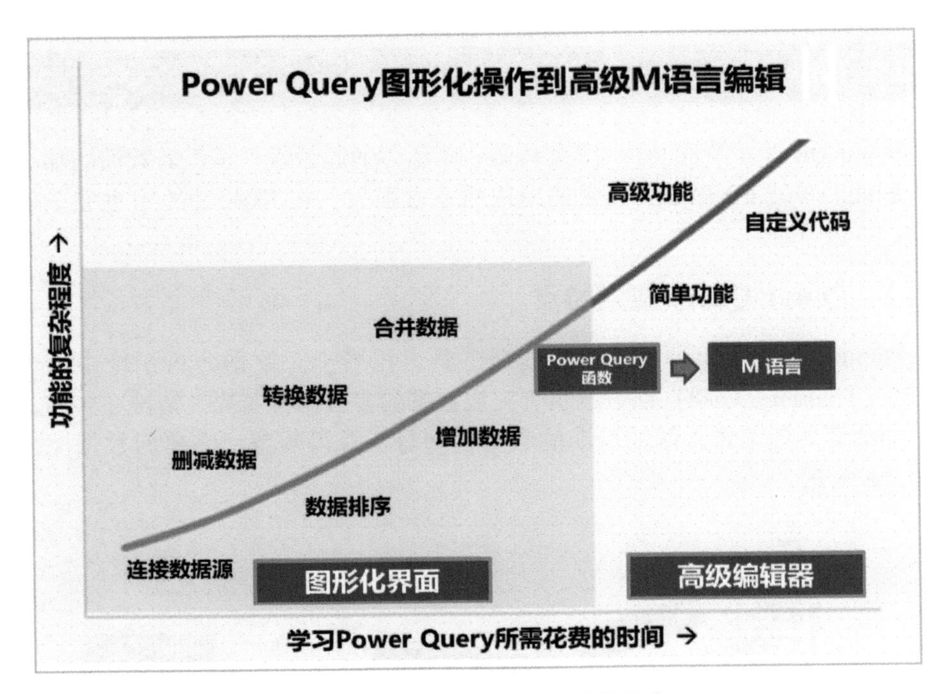

图 2-3　学习 Power Query 过程示意

2.1.2　外部数据获取

日常工作中需要分析管理的数据，以 Excel 文件形式存储仍然是最主要的选择。图 2-4 是获取 Excel 数据方法的步骤。

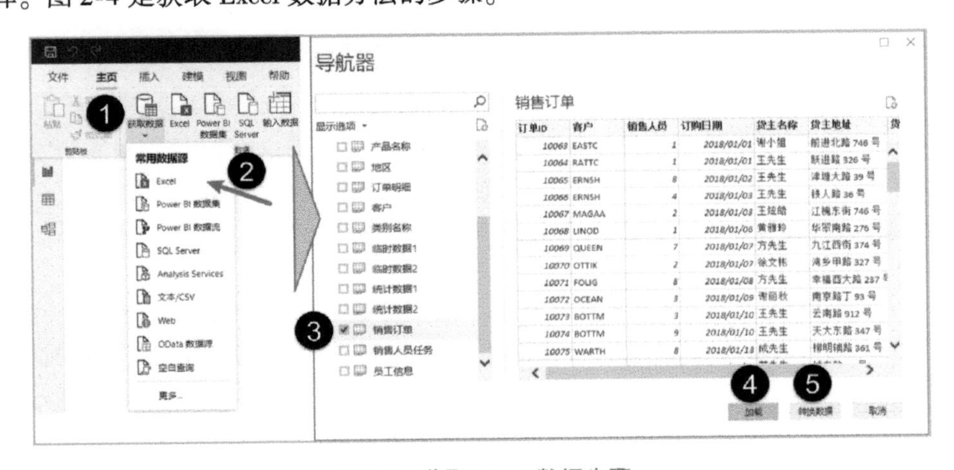

图 2-4　获取 Excel 数据步骤

步骤 1：获取数据；
步骤 2：选择 Excel 数据源；
步骤 3：勾选需要导入的工作表；
步骤 4：加载，把数据直接导入 Power BI 模型中；
步骤 5：转换数据，将打开“Power Query 编辑器”窗口，以进行数据调整。

如果要进行查询的数据表内容比较少，例如一些部门列表、产品类型列表，可以选择“输入数据”完成。在这个工具界面中通过直接输入或粘贴，完成查询数据表的建立，见图 2-5。

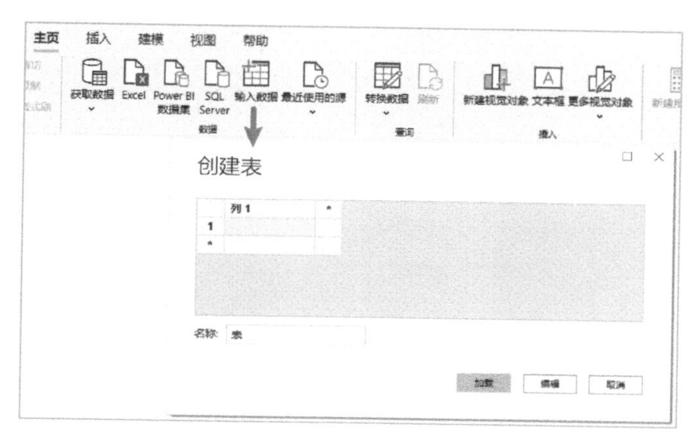

图 2-5　Power BI 手工输入数据

Power Query 支持 350 种以上的数据源连接，如果用户使用的是非微软的数据库，因为默认系统中没有第三方驱动程序，需要单击“了解详细信息”，打开微软官方提供的在线帮助，引导用户安装相关数据源的驱动程序，见图 2-6。

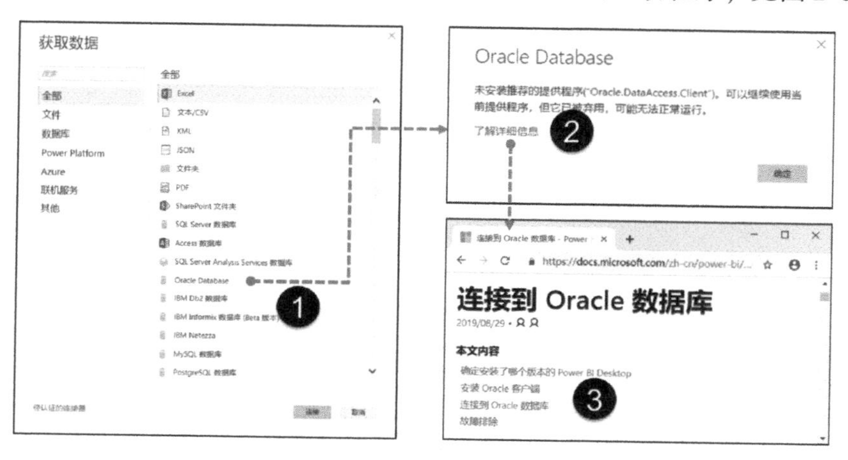

图 2-6　Power BI 获取其他数据源

当数据文件保存位置、名称发生改变时，需要更新数据源配置信息，以保障与数据源同步的连接。选择“主页”选项卡，找到“数据源设置”就可以通过对话框选择更新后的文件保存位置，见图 2-7。

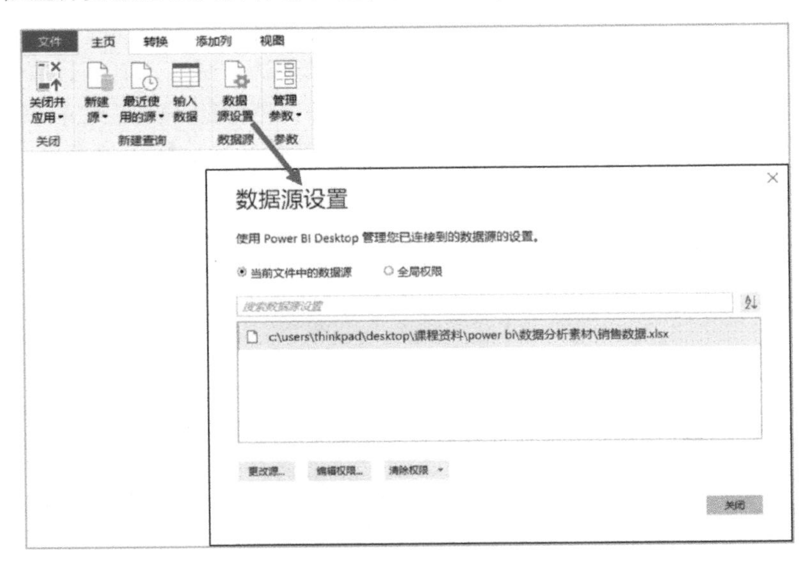

图 2-7　数据源设置

Power Query 是 Power BI Desktop 的一个内嵌程序。在获取数据进行编辑的过程中，Power Query 充当着加工、过滤的作用，所做的任何操作都不会影响原始数据，而且这些数据并没有直接保存到 Power Query 中，如果执行了“关闭并应用”，数据才被提交并保存到 Power BI 文件的数据模型中。

2.1.3　Power Query 编辑器介绍

查询编辑器的启动：选择了需要查询处理的数据源后，在“导航器”窗口中单击“加载”，如果要打开“Power Query 编辑器”窗口，可以单击“编辑查询”，见图 2-8。

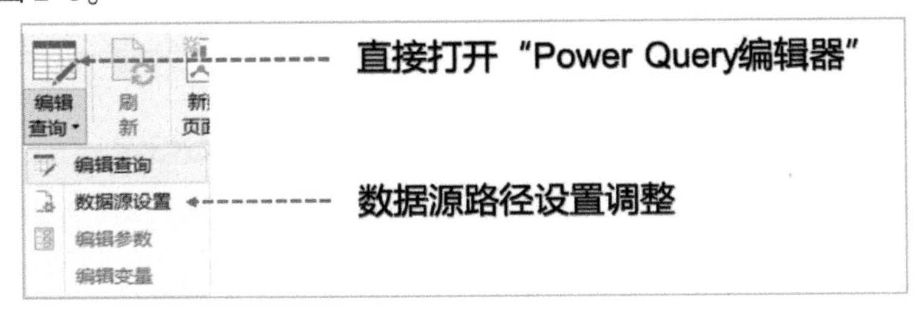

图 2-8　启用查询编辑器

查询编辑器是独立的窗口。打开后可以看到所选的数据表右侧有数据查询处理的步骤，这是 Power Query 最重要的一个功能区域，在这里可以监控到对表格操作过的各种数据处理的步骤，见图 2-9。

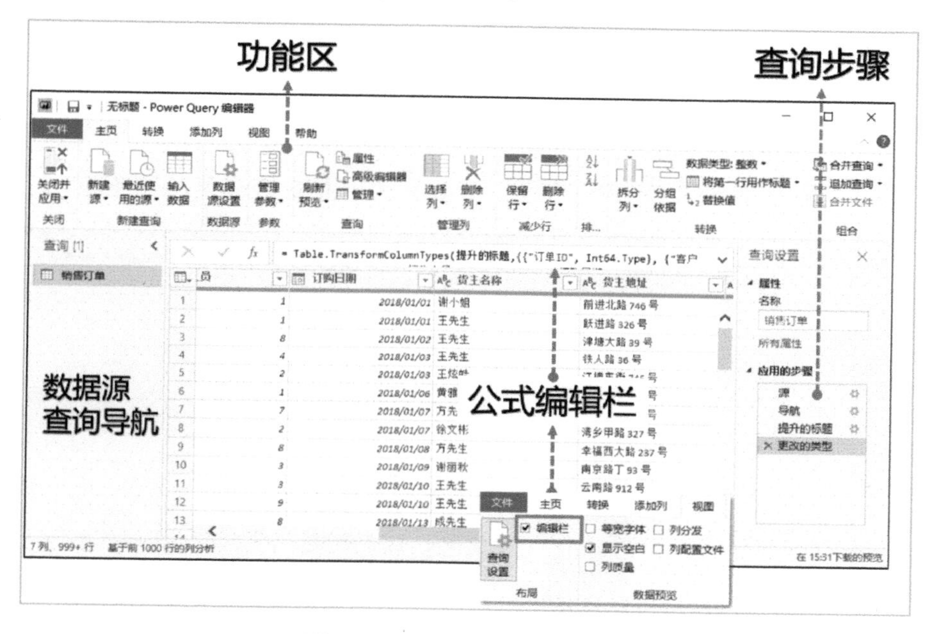

图 2-9　Power Query 窗口介绍

数据刚刚被查询获取后，Power Query 会自动完成几步初始设置，通过从下到上的顺序选择这些步骤，可以观察到表格内容发生了哪些变化。

另外，在表格上方打开"公式编辑栏"可以看到每个步骤对应的 M 语言表达式。用户会发现这些表达式比较容易理解，本书后续章节也会介绍一些通过直接修改表达式完成的数据处理案例。

在"编辑器"窗口中完成了数据查询处理后，要把修改结果保存并返回到 Power BI 的数据模型。这项操作位于"主页"选项卡中第一个命令，见图 2-10。

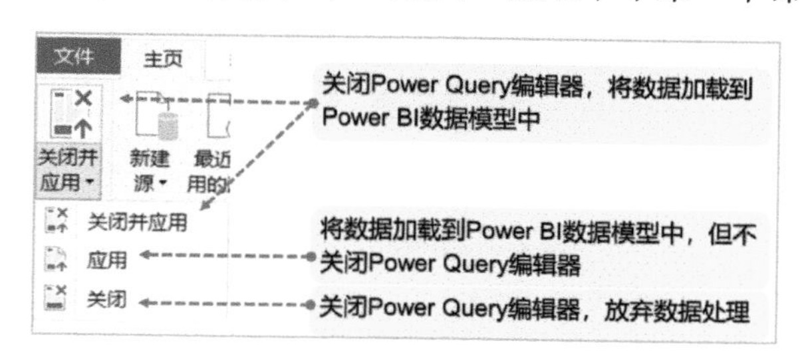

图 2-10　关闭命令说明

2.2 数据清洗

数据清洗（Data cleaning）是对数据进行重新审查和校验的过程，目的在于删除重复信息、纠正存在的错误，并提供数据一致性。

2.2.1 数据规范要求

在介绍数据清洗具体方法之前，首先来看一下数据规范的基本要求。在图 2-11中，总结了配合数据分析，基础数据要具备的规范要求，利用 Power Query 可以轻松实现。

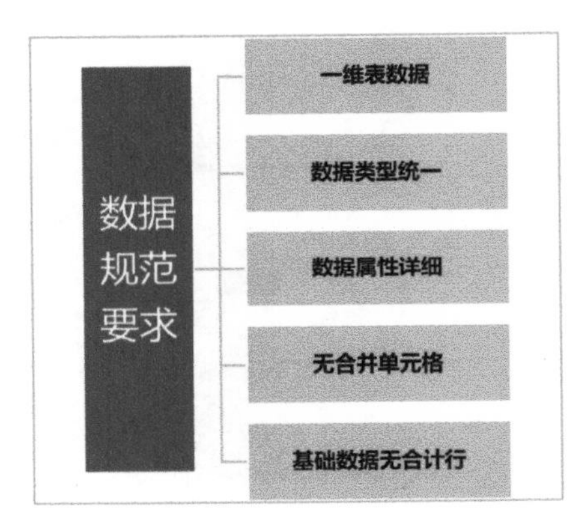

图 2-11 数据规范要求

这里重点介绍一下一维表的概念。利用 Power BI 进行数据可视化分析的最佳基础数据格式是数据库表格结构——一维表。一维表也称为流水线表格，判断数据是一维表还是二维表的一个最简单的办法如下：

- 看其列的内容：每一列是否是一个独立的参数。
- 如果每一列都是独立的参数，那就是一维表，见图 2-12。

列方向有独立参数

姓名	类型	金额
陈先生	笔记本平板	524295
陈先生	耳机音箱	52178
陈先生	手机	127648
陈先生	智能穿戴	2290
陈先生	智能电视	86810
		5969
陈小姐	笔记本平板	
陈小姐	耳机音箱	6664
陈小姐	手机	14340

图 2-12 一维表示意

- 如果列方向有同类参数，那就是二维表，见图 2-13。

列方向有同类参数

姓名	笔记本平板	耳机音箱	手机	智能穿戴	智能电视	智能网络	总计
陈先生	524295	52178	127648	2290	86810	5968	799189
陈小姐	33467	6664	14340		111579	4375	170425
陈玉美	227220	48804			122314	5944	404282
成先生	481994	45115	119940	39980	567	2849	690445
方先生	2492844	249561	1524377	31244	692521	84842	5075389
胡继尧	3591094	391115	1062623	104853	1987611	64183	7201479
总计	7350914	793437	2848928	178367	3001402	168161	14341209

图 2-13　二维表示意

在 2. 3. 1 节中会介绍 Power Query 的“逆透视”功能，一键完成“二维”转“一维”操作。

2. 2. 2　数据记录行、列整理

“删除行”“删除列”工具为用户提供了快速便捷的处理操作，当导入的数据包括多余的空行空列、重复数据、标题等情况时，就可以使用这一工具。

在 Power BI Desktop 中获取本节案例数据文件，在导航窗口中选择“01 删除空行重复表头”工作表。在预览窗口中能看到大量标有“*null*”的空单元格，这些数据在分析过程中都是不需要的，需要删除掉。在图 2-14 中单击“转换数据”按钮，进入 Power Query 编辑器。

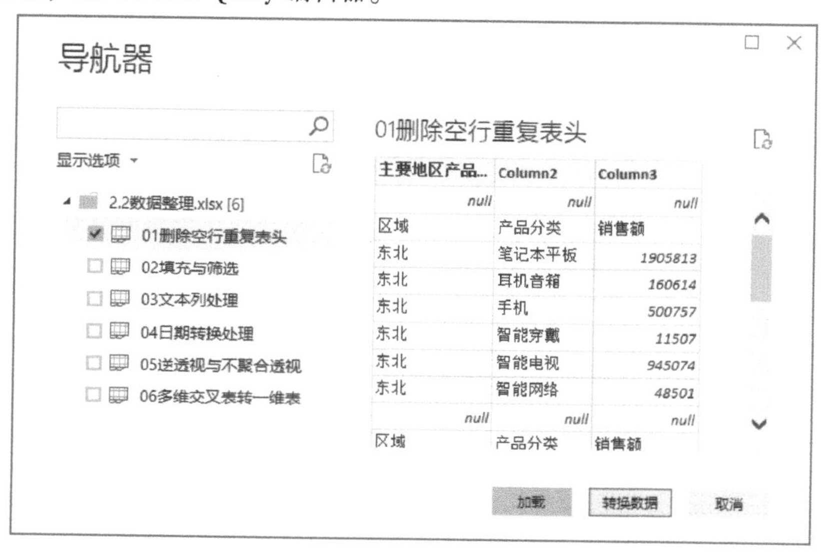

图 2-14　进入查询编辑器

注意：在使用 Power BI 的过程中，经常要与 Power Query 窗口切换，所以要注意笔者在这里提到的操作环境。

1. 删除指定行、列

(1) 删除列

选择要删除的列，单击鼠标右键，选择“删除”即可，见图 2-15。

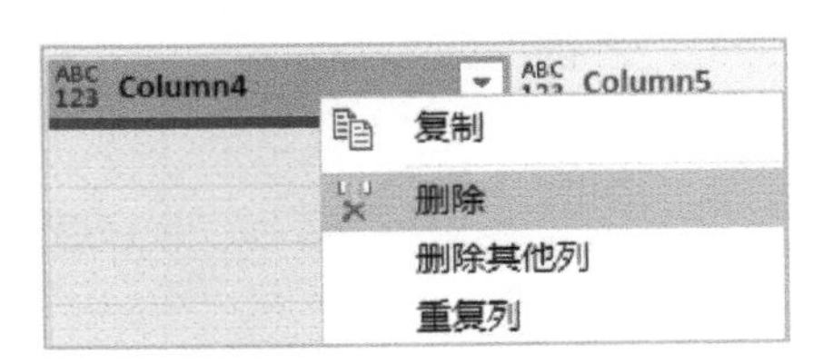

图 2-15 删除列

(2) 删除行

“删除行”不能通过鼠标右键直接操作，需要选择选项卡中的工具，指定要删除的特定行。图 2-16 展示的是“删除最前面几行”命令。

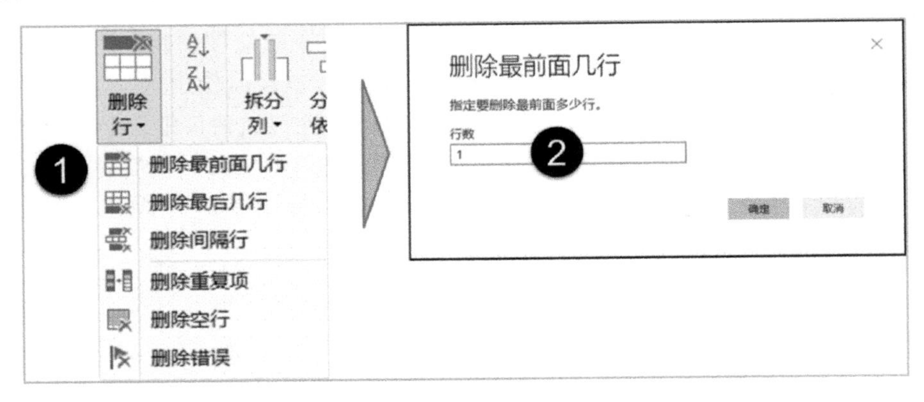

图 2-16 删除行

除了这些删除行操作，还可以根据表格中数据的特征进行筛选排除记录行，我们将在后面学习到这些操作。

2. 删除空行与重复行

对于表格中有整行是空行、重复行的情况，执行下面 3 个步骤可以快速实现表格整理：

步骤 1：删除空行。

在“主页”选项卡的中间区域找到“删除行”，点开下拉菜单，然后单击“删除空行”，这样就可以将表格中完整的空行删除掉，见图 2-17。

如果发现有的空行没有被删除，应该是在这些行里有数据，用户可以拖动

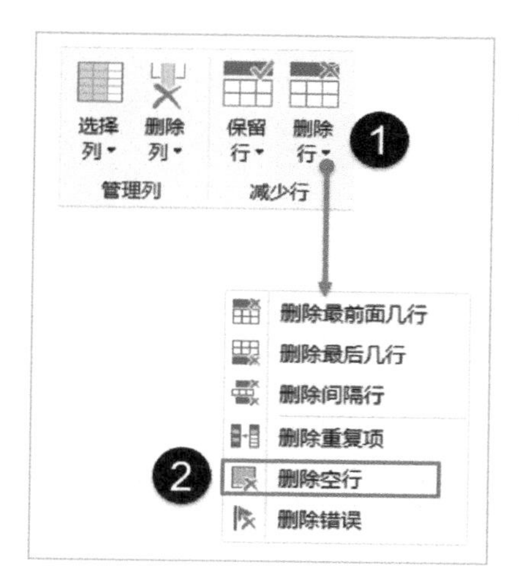

图 2-17　删除空行

水平滚动条进行检查，如果发现有遗留数据，在确认所在列没有保留需要后，直接用鼠标右键点选，执行删除列操作，然后使用“删除空行”进行整理。

步骤 2：删除重复的表头。

因为原来的每个地区统计表中都带有表头，所以在这一步要将重复出现的表头都删除掉。在刚刚使用的“删除行”菜单中是可以看到“删除重复项”功能的，但是在使用之前，要先选择表中所有的列，这样才能正确识别重复的表头内容，见图 2-18。

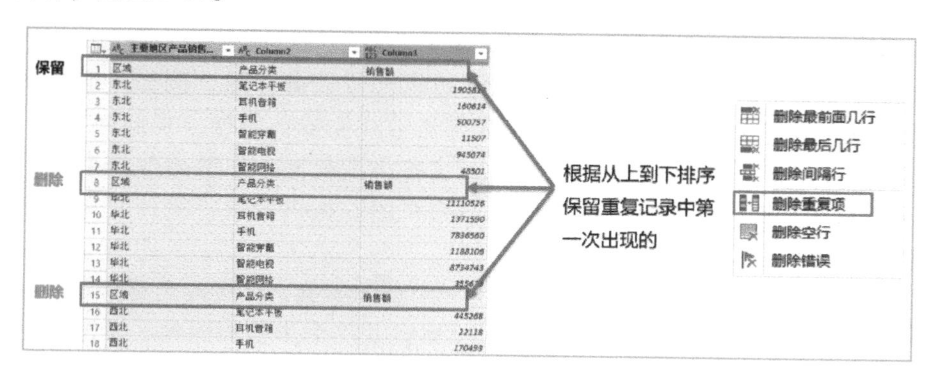

图 2-18　删除重复项

步骤 3：提升第一行表头到字段标题。

完成以上两步数据整理后，还要将表头标题的名称更新一下，可以用保留下来的第一行表头向上提升，形成正式的字段标题名称，以便于在数据建模中明确每个字段的含义，见图 2-19。

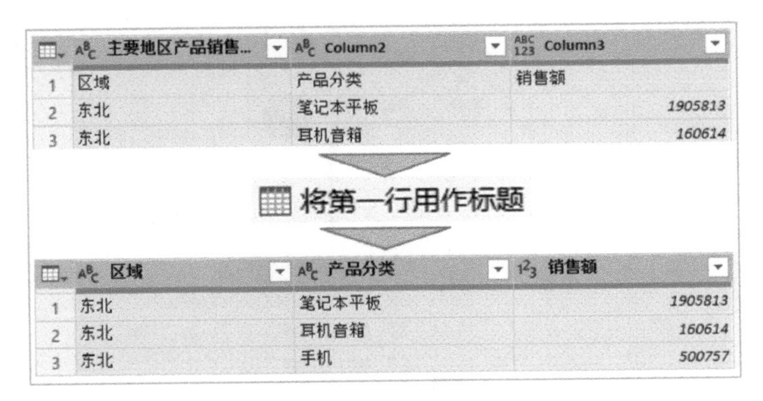

图 2-19　将第一行用作标题

“将第一行用作标题”功能在两个选项卡中可以看到，见图 2-20 和图 2-21。

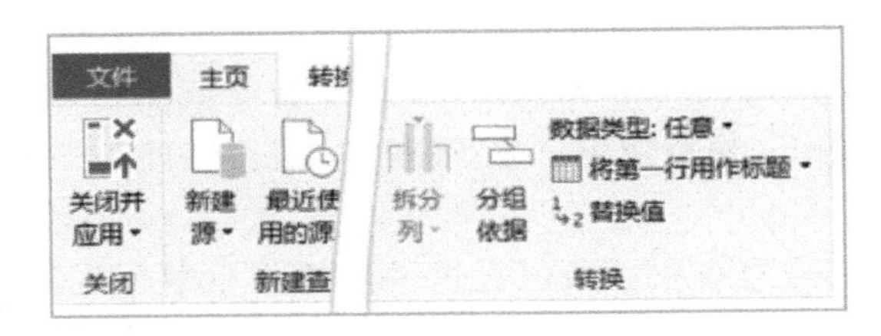

图 2-20　“主页”选项卡

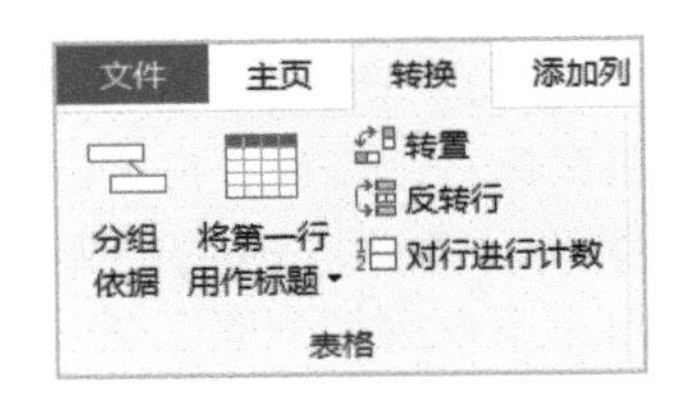

图 2-21　“转换”选项卡

3. 利用筛选获取查询数据

如果要在获取的数据记录中，去除满足特定条件的数据行，除了使用删除行工具中的各种操作，还可以使用筛选功能进行数据排除。例如，前面案例中的删除重复表头的需求，就可以换成筛选方式完成；另外，我们回忆一下，有些表格中包含分类汇总的小计数据，这些小计行混杂在原始数据表中，在后期的可视化数据分析中，就会将它们与原始数据再次进行统计，造成计算错误。

下面在 Power Query 编辑器中复制上一个查询案例，并更改名称，将刚刚完成的删除的副本、提升的标题 1、更改的类型 1 三个步骤删除掉，重新用“筛选”方法完成去除重复表头的操作。

步骤 1：复制查询，重命名查询，删除标记的操作步骤，见图 2-22。

步骤 2：将第一表头提升到字段标题，然后选择任意一列进行筛选，去除多余的表头项目，见图 2-23。

对数据表进行筛选，不会影响原始数据，只是利用 Power Query 对加载到 Power BI 模型中的内容进行过滤，获取对数据分析有用的内容。

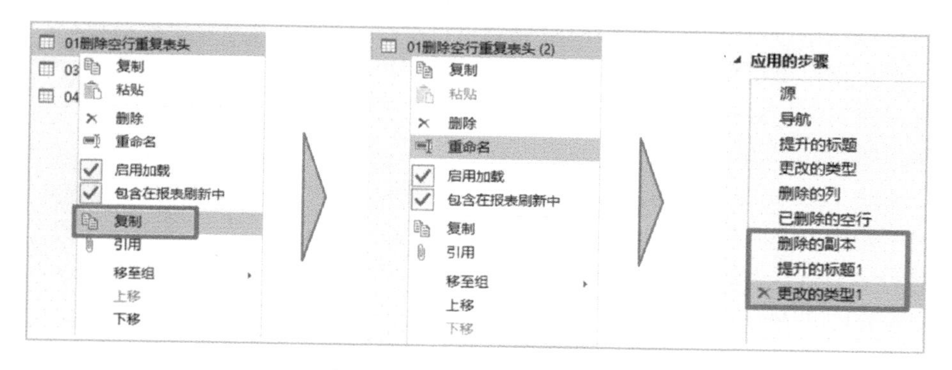

图 2-22　复制查询并重命名

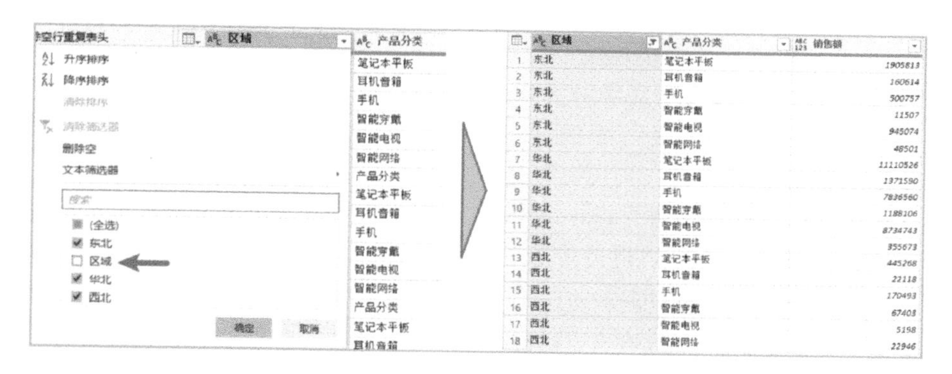

图 2-23　筛选非表头数据

2.2.3　文本清洗转换提取

在日常使用的电子表格单元格中，会出现一些不规范的格式，要进行以下几方面的处理：

- 清除“空格”。

偶尔会出现看不见的“空格”特殊字符。因为空格看不见，经常会影响到表格里的数据计算。这些我们认为是“空格”的对象有两种类型：一种是真正的“空格”；另一种是“非打印字符”，例如回车（产生空行）、制表符（按〈Tab〉键产生的空格）等。

- 信息拆分与合并。

表格中的文字需要拆分细化为不同属性的多列，例如同一个单元格里“姓名”与“薪酬”数字需要拆分；身份证号码需要提取。

不只是拆分，有时还需要将多列合并，例如将表格中的产品类别与产品编号合并。

1. 清洗单元格中的“空格”对象

刚才介绍了空格产生的两种情况，因此要用 Excel 中的查找替换都是不能快速清理掉的，Power Query 提供了“清除”“修整”两项操作，操作方法如下：

加载“03 文本列处理表格”，进入编辑器后，可以看到单元格中的问题。选择所有列，单击“转换”选项卡中的“格式”菜单，单击“清除”和“修整”两个命令，见图 2-24。

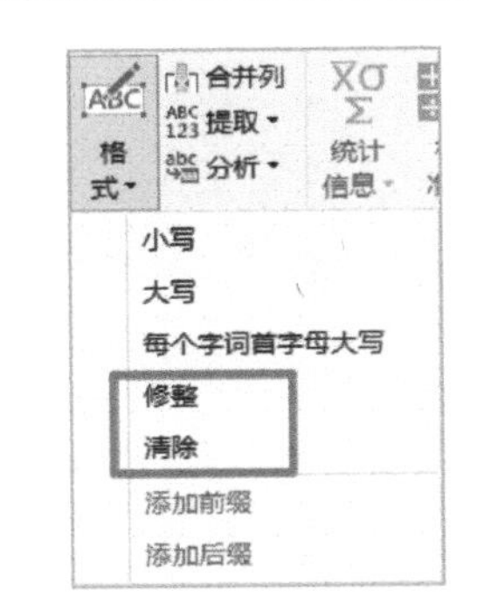

图 2-24　格式修整与清除

清除：删除所选列的非打印字符。

修整：从所选列的每个单元格内容中删除前缀和后缀的空格字符。

完成此操作后，提升表格第一行作为标题。

2. 拆分列——按自定义字符拆分

现在要将“地址字段”中的城市与后面的具体位置进行拆分，可以使用“按分隔符”拆分列。

图 2-25 的设置中区别于 Excel 中的“分列”功能，具备更多的“拆分位置”“高级选项”按钮。选择“拆分位置”中的“最左侧的分隔符”，这样就可以只考虑将单元格中左侧出现的第一个“市”字符作为拆分依据。

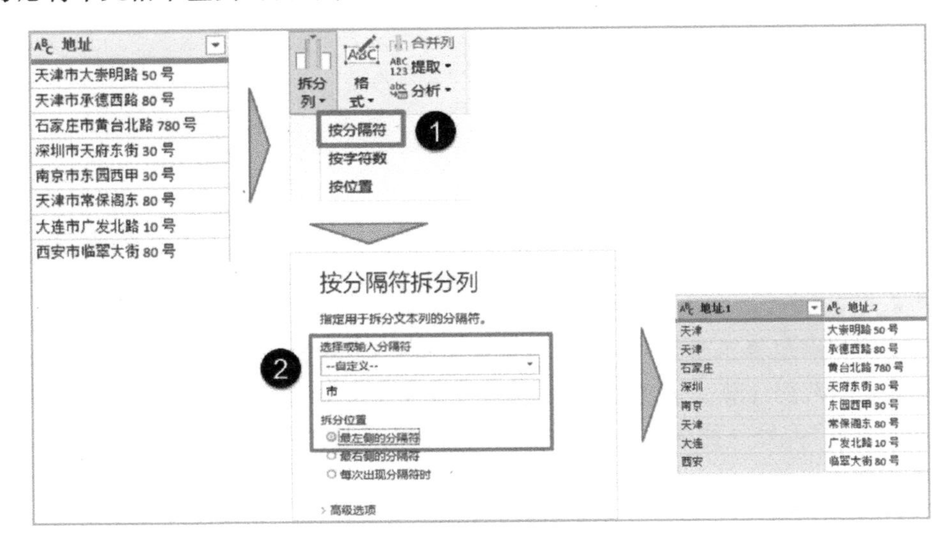

图 2-25　按分隔符拆分列

拆分完成后，城市的“市”字作为判断依据在数据中失去了，如果需要统一显示在城市名称后面，可以通过文本列工具组中“格式”菜单下面的“添加后缀”功能完成，见图 2-26。

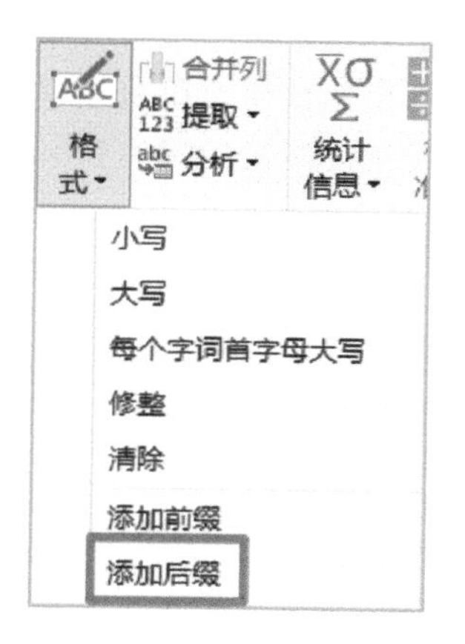

图 2-26　添加后缀

3. 拆分列——文字与数字拆分

案例数据的后一列将姓名和数字输入到了一个单元格中，现在使用“拆分列”中的“按照从非数字到数字的转换”完成文字与数字的自动拆分，见图 2-27。

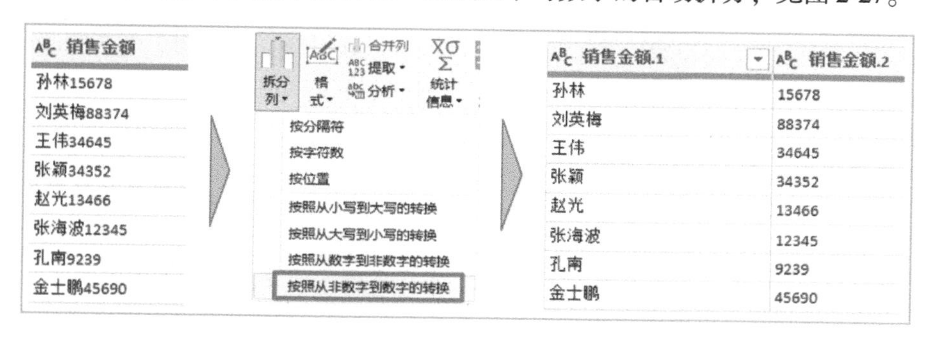

图 2-27　文字与数字的自动拆分

以上 3 个案例完成后，检查表格标题名称，如果需要修改，可以双击标题进行调整。最后“关闭并应用”将这些数据加载到 Power BI 数据模型中。

2.2.4　日期和时间的整理

日期信息是数据分析中的重要维度，在 Power BI 中会利用专门的日期表与相关表格的日期信息建立联系，完成按年、季度、月等周期的对比分析。这里重点就是要满足日期字段格式的规范。

我们每个人的计算机上默认规范的日期格式，与 Windows 操作系统的区域语言选项设置有关，常见规范格式例如“2019 - 10 - 11”“2019/10/11”。经常出现的日期错误包括：

- 保存类型错误：看似是标准日期，实际上是按文本类型保存，默认在单元格中靠左侧对齐。真正的数字类型日期是居右侧对齐的。
- 日期书写错误：没有分隔符“20191011”、分隔符错误“2019. 10. 11”、年不完整“19 – 10 – 11”。

图 2-28 就包括一些格式不规范的日期数据。

订购日期	货主名称	货主地址	货主城市	送货日期	到货日期
2019.10.21	谢小姐	前进北路 746 号	南京	10/22/2019	20191024
2019.10.22	王先生	跃进路 326 号	大连	10/23/2019	20191025
2019.10.23	王先生	津塘大路 39 号	天津	10/24/2019	20191026
2019.10.24	王先生	铁人路 36 号	天津	10/26/2019	20191027
2019.10.25	王炫皓	江槐东街 746 号	天津	10/27/2019	20191029
2019.10.26	黄雅玲	华翠南路 276 号	温州	10/27/2019	20191029
2019.10.27	方先生	九江西街 374 号	南昌	10/28/2019	20191030
2019.10.28	徐文彬	湾乡甲路 327 号	张家口	10/30/2019	20191101
2019.11.01	方先生	幸福西大路 237 号	昆明	11/2/2019	20191104

图 2-28　不规范的日期格式

在完成数据获取后，在 Power Query 编辑器中我们可以看到“订购日期”“送货日期”已经被自动处理为不规范日期。字段标题上显示了日期格式图标。

可以单击“查询设置”窗口中的最后两个步骤对比一下结果，见图 2-29。

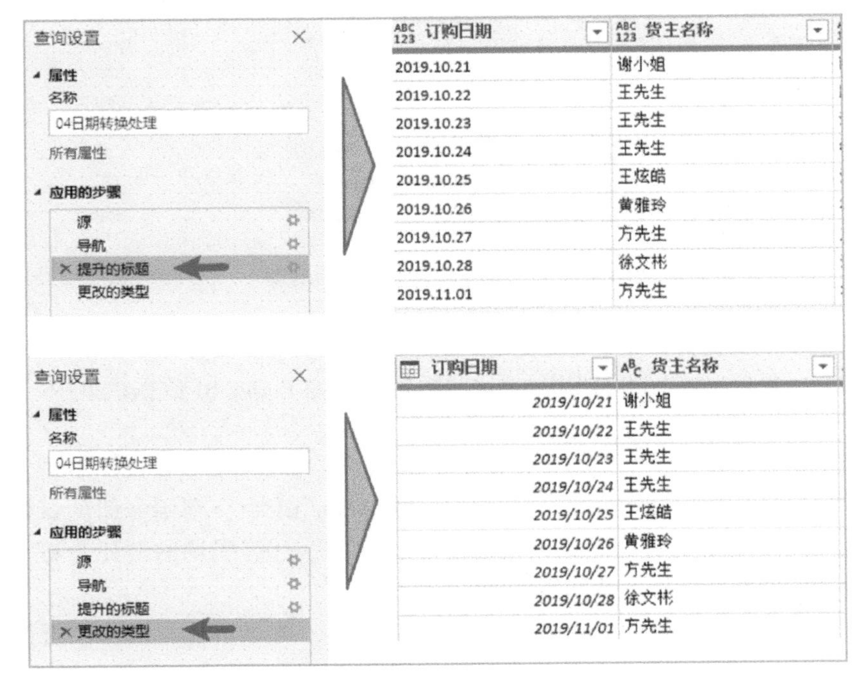

图 2-29　日期类型更改前后对比

“到货日期”字段还没有纠正成正规日期格式，目前是数字格式，可以按下面的步骤进行处理：数字、文本、日期。

在操作过程中如果看到下面的对话框，是因为刚刚做了同类操作，编辑器询问是要添加步骤，还是要替换前面同类型的操作。这里选择“添加新步骤”，见图 2-30。

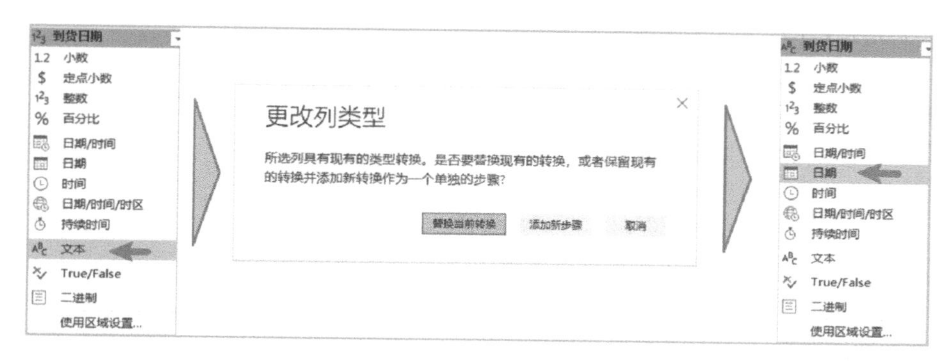

图 2-30　数字转换日期

【小结】：以上我们学习了利用 Power Query 进行数据清洗的常用功能，这些功能可以快速精准地完成文本、数字、日期内容的规范格式调整，大大提高了数据规范质量，丰富了数据属性，为后续数据分析奠定了良好基础。

2.3　数据结构调整

在数据结构调整方面，我们将重点掌握如何将二维交叉表转为一维表，通过计算列扩充字段属性、组合字段计算。

2.3.1　数据填充与逆透视

图 2-31 是本节案例的原始数据表，它的结构是典型的二维交叉结构表，表格中实际包含了 4 个方面的信息：地区、城市、产品分类、金额。

地区	华东					华南			西南	
城市	南京	上海	温州	南昌	青岛	深圳	海口	厦门	重庆	成都
笔记本平板	2692310	1930117	844024	667777	664130	5381766	610921	44874	5652704	2446748
耳机音箱	280579	154503	62379	52009	83795	614875	61991	14091	585176	154930
手机	2176108	859637	714902	323853	119940	3575167	562643	280337	1810091	982353
智能穿戴	85436	15946	6965	39980	39980	143532	6870	4338	202908	40416
智能电视	2847764	506357	672192	329115	122314	2672040	69234	71639	3375911	677749
智能网络	82079	44247	15055	45955	8557	213494	41585	3469	116156	77572

图 2-31　二维交叉结构表示意

1. 数据转置

有时为了进行数据结构调整，需要把二维交叉表的上表头与左表头调换一下位置，这就是我们说的转置。

这个案例中因为要使用 Power Query 中的“向下填充”功能，完成地区信息的填充，我们需要将地区、城市放到左表头，这个操作 Excel 也可以完成，下面看看 Power Query 是如何做到的。

获取 Excel 数据案例“2.3 数据结构调整”中的“06 逆透视”工作表。对获取的数据进行基本的查询整理（删除空行），然后进行转置操作。转置操作有一个要求：转置的上表头不能设置为表格标题。

图 2-32 是转置操作与调整前后的对比。

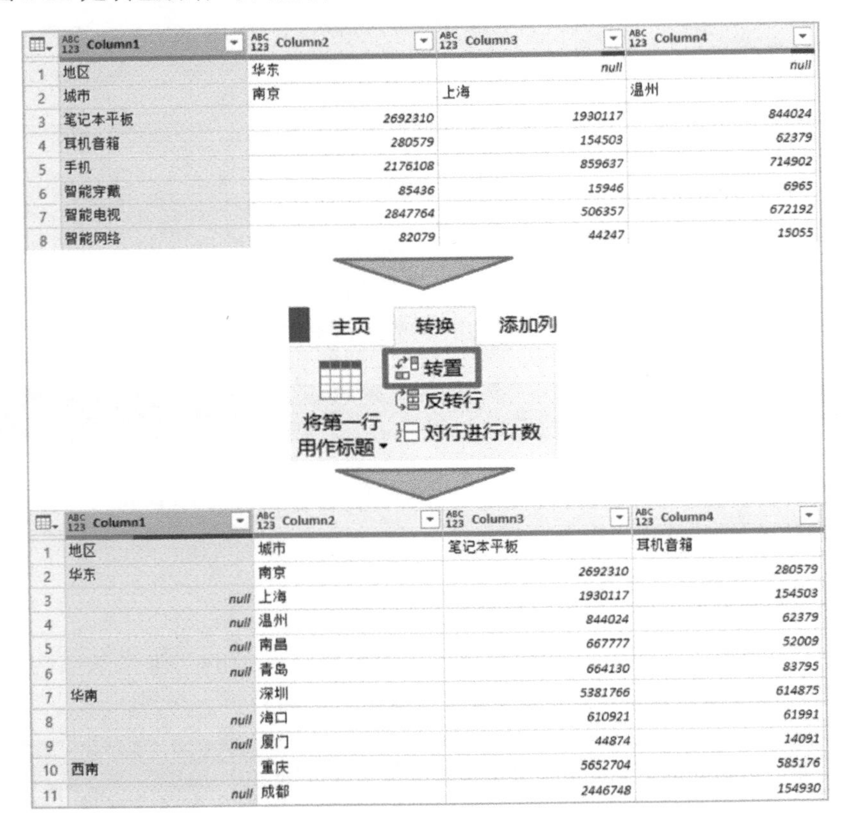

	Column1	Column2	Column3	Column4
1	地区	华东	null	null
2	城市	南京	上海	温州
3	笔记本平板	2692310	1930117	844024
4	耳机音箱	280579	154503	62379
5	手机	2176108	859637	714902
6	智能穿戴	85436	15946	6965
7	智能电视	2847764	506357	672192
8	智能网络	82079	44247	15055

	Column1	Column2	Column3	Column4
1	地区	城市	笔记本平板	耳机音箱
2	华东	南京	2692310	280579
3	null	上海	1930117	154503
4	null	温州	844024	62379
5	null	南昌	667777	52009
6	null	青岛	664130	83795
7	华南	深圳	5381766	614875
8	null	海口	610921	61991
9	null	厦门	44874	14091
10	西南	重庆	5652704	585176
11	null	成都	2446748	154930

图 2-32　数据表转置

2. 数据填充

完成数据转置后，要利用 Power Query 的数据填充功能，解决合并单元格后产生的地区数据为空即“*null*”的情况。

合并单元格是 Excel 中最常见的格式应用，它可以帮助用户清晰地呈现信息的分类情况，但是单元格在合并时，相关区域中出现数据为空不完整的情况，严重影响了后期数据筛选与统计分析。Power Query 获取了这些数据后，合并单元格结构被自动解除，还原成一个个独立的单元格，我们要完成的就是在空单元格中填充上相关的数据，让数据表内容完整。

操作方法是，选择要填充的第一列地区信息，执行“转换”选项卡中的“填充”操作，见图 2-33。

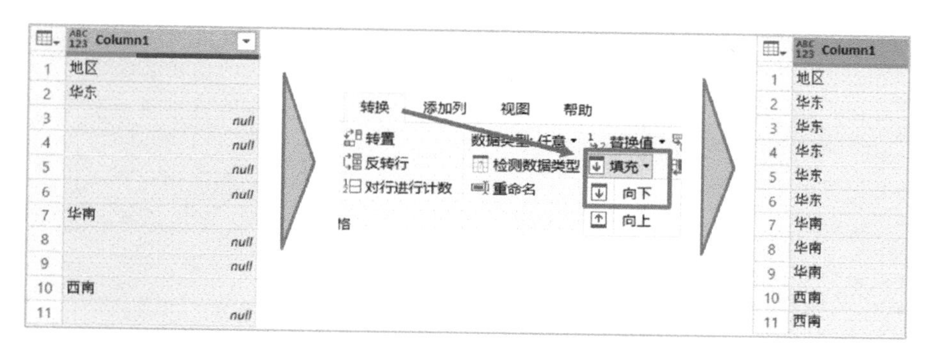

图 2-33　数据向下填充

填充功能只支持“向上”“向下”填充，也是因为这个原因，我们需要先把表格进行转置，将“地区”信息调整到左表头。

3. 二维表逆透视

下面是本节最后的关键步骤，这里注意“逆透视”操作前，必须先将表头内容设置到字段标题上，就是执行“将第一行用作标题”。

逆透视操作可以在“转换”选项卡中找到。使用时请注意选择表格的不同字段时，对应不同的逆透视操作，见图 2-34。

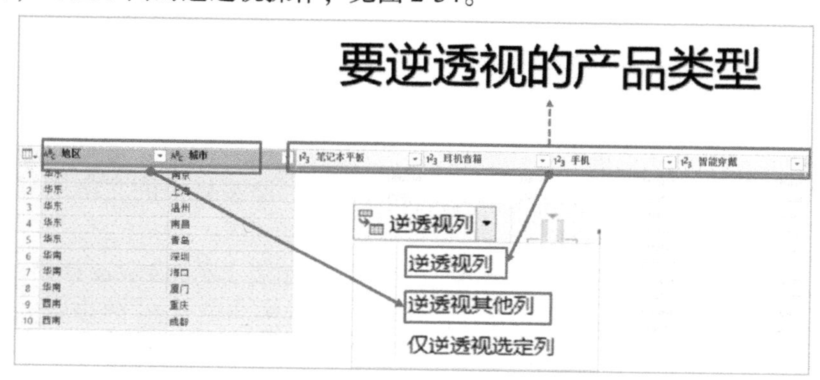

图 2-34　二维表逆透视操作

完成逆透视操作后，表格就变成图 2-35 的格式，产品类别信息都集中到了“属性”字段，我们可以适当修改字段标题，这样就得到了标准的一维表。

	地区	城市	属性	值
1	华东	南京	笔记本平板	2692310
2	华东	南京	耳机音箱	280579
3	华东	南京	手机	2176108
4	华东	南京	智能穿戴	85436
5	华东	南京	智能电视	2847764
6	华东	南京	智能网络	82079
7	华东	上海	笔记本平板	1930117
8	华东	上海	耳机音箱	154503
9	华东	上海	手机	859637
10	华东	上海	智能穿戴	15946
11	华东	上海	智能电视	506357
12	华东	上海	智能网络	44247
13	华东	温州	笔记本平板	844024
14	华东	温州	耳机音箱	62379
15	华东	温州	手机	714902
16	华东	温州	智能穿戴	6965
17	华东	温州	智能电视	672192
18	华东	温州	智能网络	15055
19	华东	南昌	笔记本平板	667777
20	华东	南昌	耳机音箱	52009
21	华东	南昌	手机	323853
22	华东	南昌	智能穿戴	39980
23	华东	南昌	智能电视	329115
24	华东	南昌	智能网络	45955
25	华东	青岛	笔记本平板	664130
26	华东	青岛	耳机音箱	83795

图 2-35　逆透视后的一维表

2.3.2　不聚合透视表设计

Power Query 中除了可以进行逆透视，也提供了透视功能。这里的透视功能有一个特殊的选项——不聚合。这个功能适合将一维表格中的文字信息整理成交叉结构，便于数据进行对比。

选择本节案例文件中的“07 不聚合透视”工作表。利用 Power Query 进行基本处理（删除前两行，提升第一行到标题），然后按照图 2-36 的步骤完成透视表设置。

完成后的表格呈现图 2-37 所示的状态。

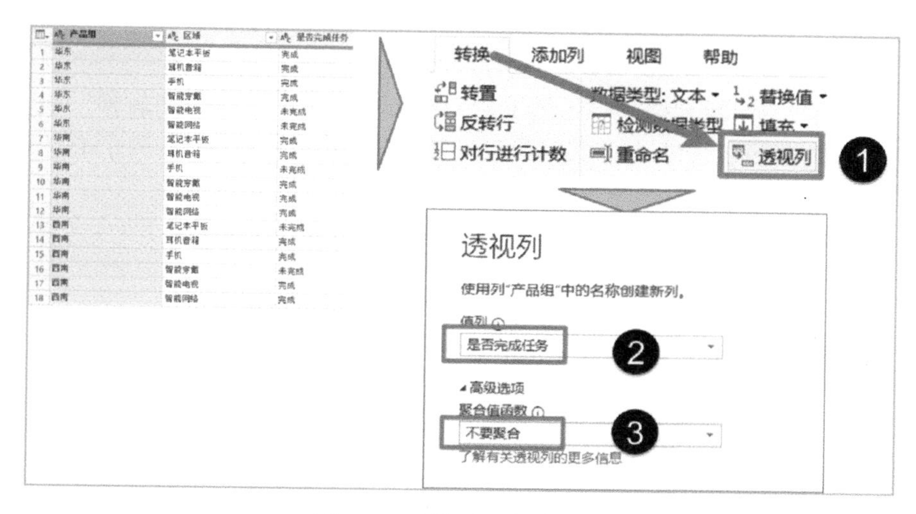

图 2-36　不聚合透视表设置

	区域	华东	华南	西南
1	手机	完成	未完成	完成
2	智能电视	未完成	完成	完成
3	智能穿戴	完成	完成	未完成
4	智能网络	未完成	完成	完成
5	笔记本平板	完成	完成	未完成
6	耳机音箱	完成	完成	完成

图 2-37　不聚合透视后的交叉表

2.3.3　自定义列与分组

在 Power Query 编辑器中，可以对获取的数据字段列进行多种扩展操作，以达到数据属性信息全面，能灵活地进行分析与统计计算的目的。

这里说的字段列的操作包括前面章节介绍过的"转换"选项卡中的"文本列"区域的"拆分""提取"等功能，更多操作在"添加列"选项卡中，见图 2-38。

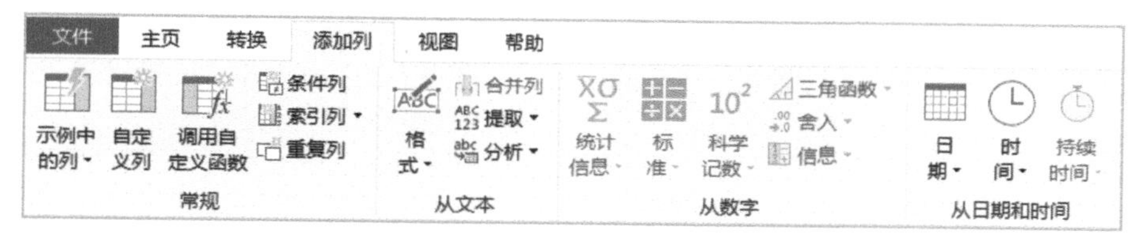

图 2-38　"添加列"选项卡

这个选项卡中各种功能的一个共同特点是：操作后会产生新的列，包括自定义的公式计算列、文本、数字、日期时间等扩展字段。

当表格中的字段列提供得足够丰富之后，我们还将会介绍“转换”选项卡中的“分组依据”功能，它可以帮我们简化合并数据，得到分类汇总的摘要数据。

下面开始添加自定义字段、分组依据的案例介绍。获取本节 Excel 文件中的“05 自定义列与分组”。

1. 添加自定义计算列

这个案例中包括“单价”“数量”“折扣”三个数字类型的字段，基于这些内容可以用公式计算出每行订单的金额。

添加公式的方法是：从“添加列”选项卡中选择“自定义列”，见图 2-39。

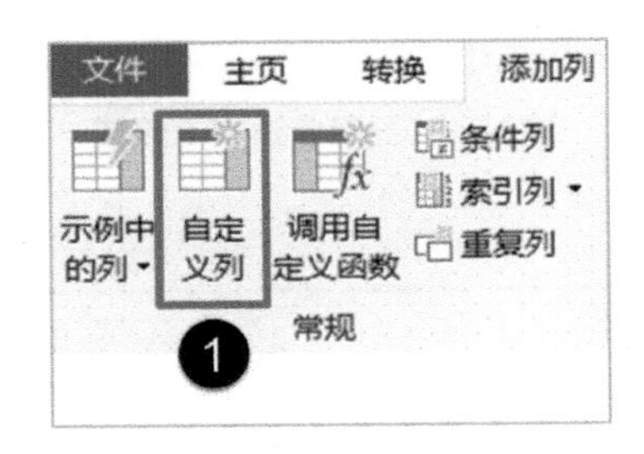

图 2-39　自定义列

在打开的对话框中填写列名、列公式。

公式中引用过的列（字段）可以通过双击“可用列”列表中的内容，添加到公式中，如图 2-40 所示，在自定义列公式中输入：

= ［数量］ * ［单价］ * （1 – ［折扣］）。

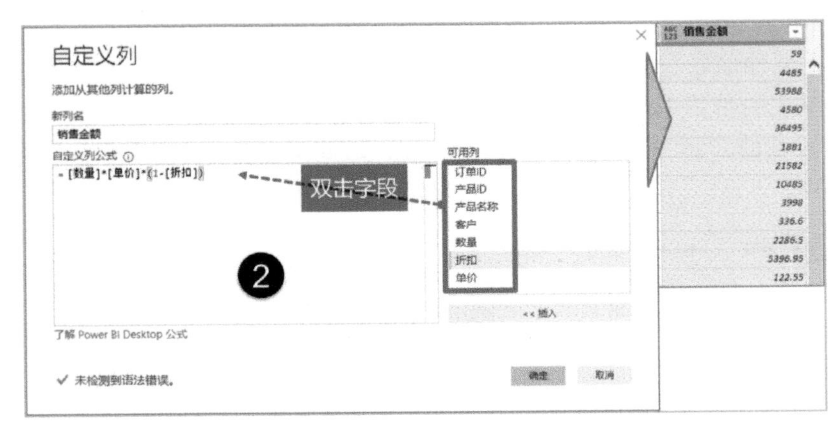

图 2-40　自定义列公式

2. 按订单编号计算订单小计

在本例中每行记录显示的销售订单信息中的子订单信息，即一个订单编号可能包含多个产品，所以会出现多次，见图 2-41。

	订单ID	产品ID	产品名称	客户
1	10063	42	入耳式耳机	EASTC
2	10063	44	降噪入耳式耳机	EASTC
3	10063	20	RBook 13	EASTC
4	10064	56	NFC 运动手环4	RATTC
5	10064	22	Ybook 15	RATTC
6	10064	48	运动蓝牙耳机	RATTC
7	10064	5	RN7	RATTC

图 2-41　待分组统计的数据表

现在需要将同一订单编号销售金额进行合并统计，求订单总金额。我们需要使用“转换”选项卡中的“分组依据”完成这个操作，见图 2-42。

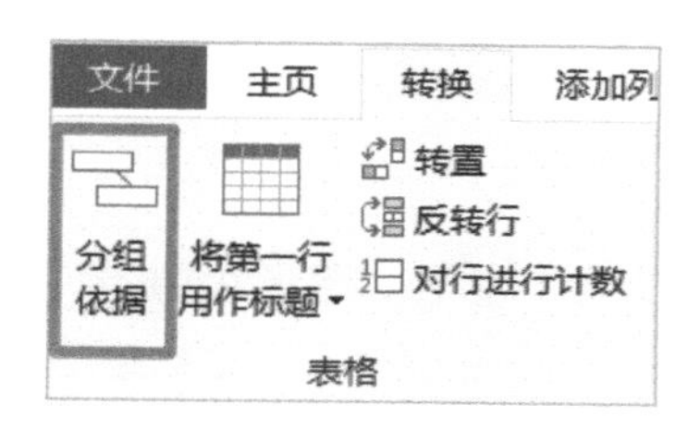

图 2-42　分组依据

打开“分组依据”对话框后，可以按图 2-43 所示进行选择。

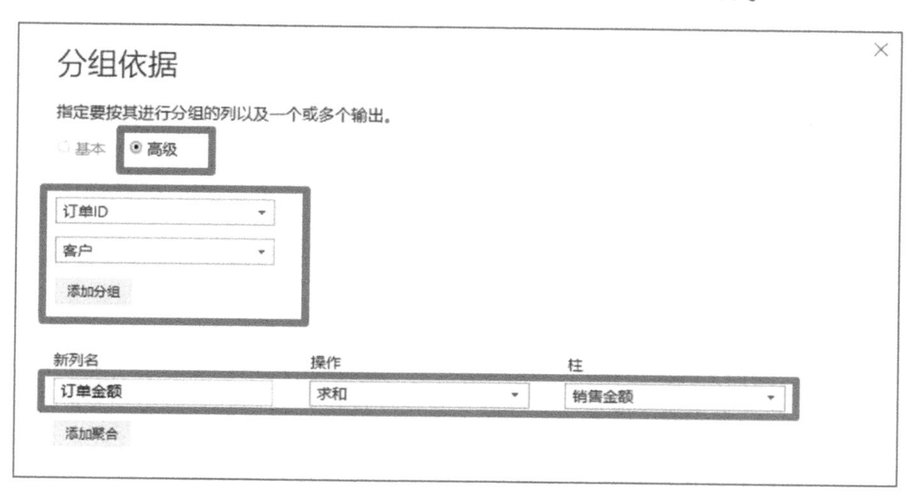

图 2-43　“分组依据”对话框

完成分组合并后，可以看到图 2-44 所示的结果，订单 ID 再也没有重复的编号出现了。需要注意的是，在上面“分组依据”对话框中的“添加分组”工具中，不能添加“产品名称”“产品 ID”这样详细的产品信息，因为这些内容会使订单信息向下细化，就不能完成“订单 ID”分组了。

	订单ID	客户	订单金额
1	10063	EASTC	58532
2	10064	RATTC	64538
3	10065	ERNSH	14483
4	10066	ERNSH	2623.1
5	10067	MAGAA	19951.9
6	10068	LINOD	2535
7	10069	QUEEN	225659.8
8	10070	OTTIK	13436
9	10071	FOLIG	27756
10	10072	OCEAN	15505
11	10073	BOTTM	48758
12	10074	BOTTM	18789.6

图 2-44　分组汇总结果

3. 添加条件列

Power Query 的添加列功能中包括了图形化的条件判断的功能，这个功能解决了很多人不了解“IF…… Then……Else”对话框表达式语法的问题，可以通过选项配置出多层条件嵌套的公式。

下面要对每个订单金额的大小分类进行判断，判断包括 3 个等级，见表 2-1。

表 2-1　订单等级分类

订单条件	订单等级
金额 < =10000	小订单
金额 >10000 且金额 < =20000	中订单
金额 >20000	大订单

下面来添加“条件列”，见图 2-45。

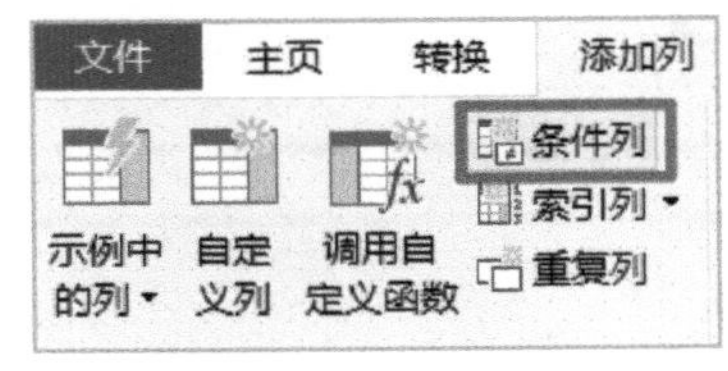

图 2-45　添加条件列

步骤 1：添加条件“订单金额 < =10000”，输出内容为“小订单”，见图 2-46。
步骤 2：添加第二层条件，单击“添加子句”。

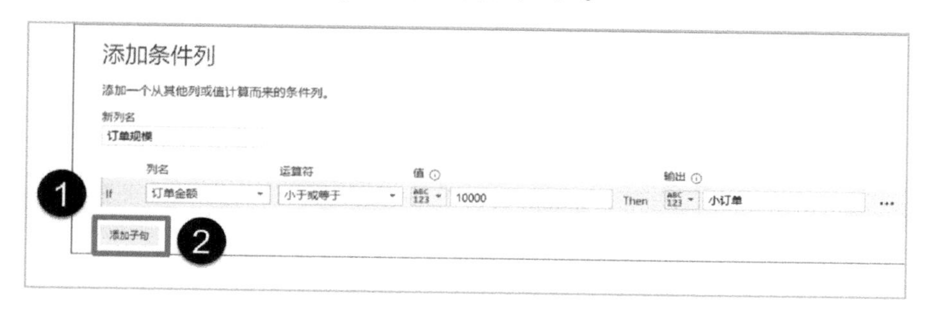

图 2-46　添加条件列设置 1

如果要取消条件“子句”，可以在右侧找到“…”按钮，在出现的菜单中选择“删除”，见图 2-47。

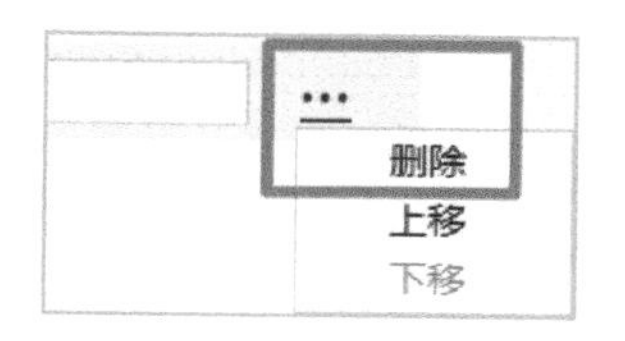

图 2-47　删除

步骤 3：在添加的子句中填写第二层条件，在“Else If”中输入“订单金额 < =20000”输出内容为“中订单”，图 2-48。

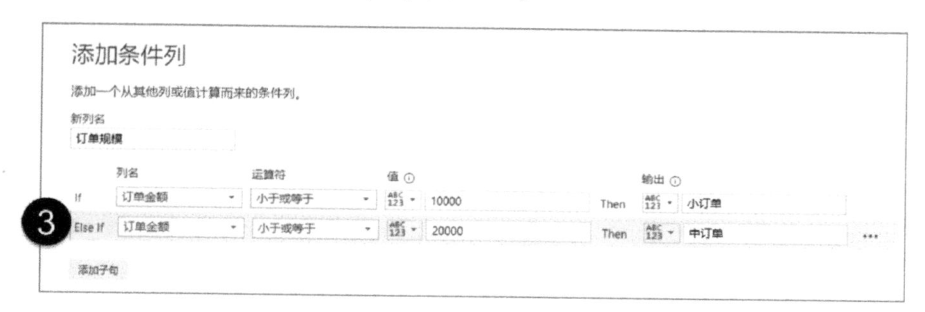

图 2-48　添加条件列设置 2

步骤 4：再添加第 3 层条件，销售金额“ >20000”输出内容为大订单。条件列设置完成后，出现判断结果，见图 2-49。

【小结】：本节内容讲解的调整数据表结构的重点内容如下：

- 二维表转一维表：案例中包括转置、填充、逆透视。

- 添加列：案例中包括添加自定义计算列、条件列。
- 分组统计：分组依据功能。

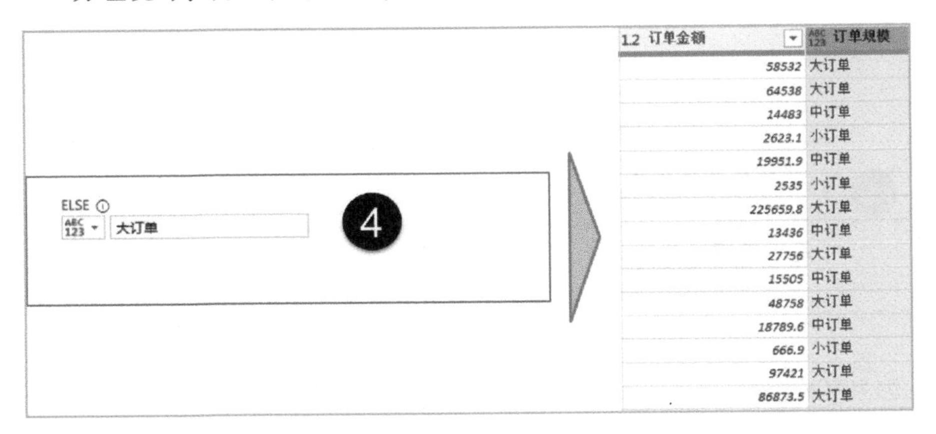

图 2-49　添加条件列的效果

2.4　多表格数据合并

日常工作中经常需要将多个数据表、文件合并成为一张表，将整合的数据加载到数据模型中。例如，1 月份全国各个省份数据，原来是一张张单独的表格，需要将其合并在一起才能对数据进行全面分析。

遇到相关需求时，以前很多用户需要比较复杂的编程方法来完成。利用 Power Query 可以更加简单地实现，而且以后也可以很方便地更新数据源。在这里实现数据合并可以选择两种方式，包括“追加查询”功能和“数据源深化”方法。“追加查询”适合少量表格合并；“数据源深化”方法可以批量处理，更适合对一个文件中的多个工作表、一个文件夹下面的多个文件进行合并。

2.4.1　追加查询

“追加查询”功能位于“主页”选项卡中，满足这个功能应用，数据源没有过多要求，几个表格中的字段顺序、字段项目都可以不同，合并的数据也可以不是同一个数据源，唯一要满足的条件如下：

表头字段标题名称一致。就是指各个数据源中出现的字段标题一定要相同，甚至一个空格都不能存在。

下面加载案例文件“2.4 多表数据合并 . xlsx”，将其中的“产品 4”“产品 5”“产品 6”三张工作表的数据加载到查询编辑器中，然后完成后续步骤。

步骤 1：加载工作表。可以将多个工作表进行复选，一次加载到查询编辑器中，见图 2-50。

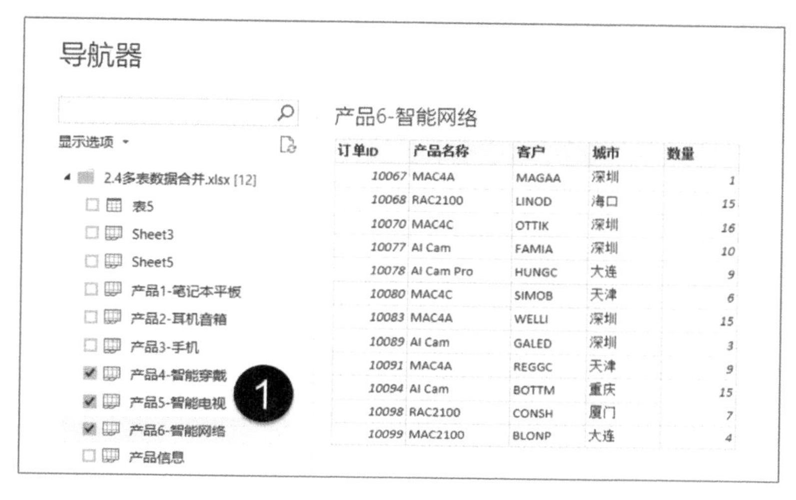

图 2-50　加载工作表

可以看到加载的三张表格字段顺序不同，字段项目也有差别，但是它们都有共同的字段，字段的名称保证一致，如图 2-51 所示。

产品4

	订单ID	产品名称	客户	数量
1	10064	NFC 运动手环4	RATTC	20
2	10065	AI Watch	ERNSH	2

产品5

	订单ID	产品名称	客户	数量
1	10067	MBox4	MAGAA	19
2	10069	M55	QUEEN	19

产品6

	订单ID	产品名称	客户	城市	数量
1	10067	MAC4A	MAGAA	深圳	1
2	10068	RAC2100	LINOD	海口	15

图 2-51　三张表的结构差异

步骤 2：在查询编辑器的“主页”选项卡中，打开“追加查询”菜单，选择“将查询追加为新查询”，见图 2-52。这样可以不影响单独的数据查询，产生新的查询表。

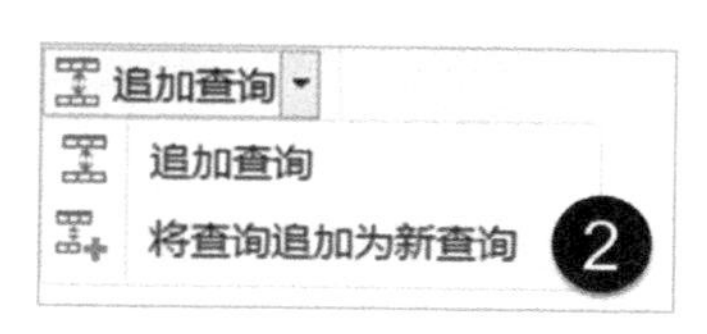

图 2-52　将查询追加为新查询

步骤 3：在打开的对话框中，选择“三个或更多表”，将“可用表”添加到右侧列表中。因为“产品 6”的字段与另外两张表的字段有区别，将其通过最右侧的上下箭头，调整到最后。合并后表的字段顺序将按照排在最前面的表为准，见图 2-53。

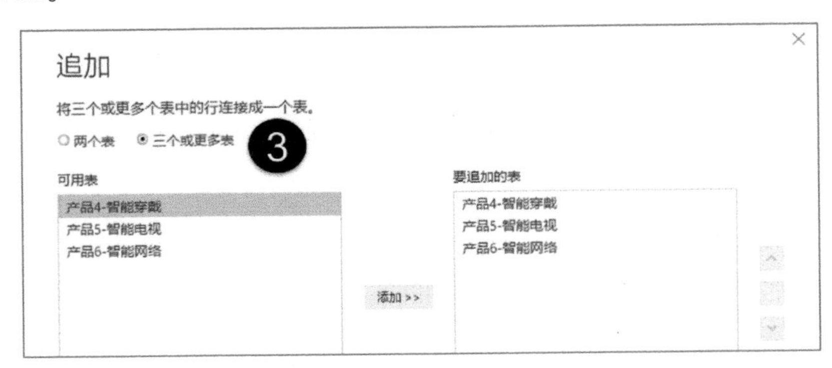

图 2-53　追加查询设置

下面来看看完成后的追加查询，见图 2-54。表中包含所有出现过的字段，其中“城市”字段，因为前两张表不包含，所以显示为“*null*”，这样的结果正是数据分析所需要的。

	订单ID	产品名称	客户	数量	城市
17	10086	MBox4	GOURL		null
18	10087	MBox4	MEREP		null
19	10093	M4A55	ERNSH	1	null
20	10099	MBox4	BLONP	1	null
21	10067	MAC4A	MAGAA		深圳
22	10068	RAC2100	LINOD	1	海口
23	10070	MAC4C	OTTIK	1	深圳

图 2-54　追加查询结果示意

完成以上操作后，用户还会注意到，合并表只有一行表头，并没有将其他表头载入，这也为数据整理带来了便利。最后，修改新查询的名称，完成追加查询。

2.4.2　数据源深化——工作簿多表格数据整合

上一个案例中，我们选择了少量的表格，利用“追加查询”功能完成了数据合并。如果需要将一个 Excel 工作簿中更多的工作表快速进行合并，还可以选择“数据源深化”方法。

步骤 1：重新加载案例文件“2.4 多表数据合并 . xlsx”，任意选择一个表，然后打开查询编辑器。

步骤 2：从查询步骤中删除后面三个，只保留“源”，请自下而上删除，修改查询名称“全部产品”。这样，就可以看到来自工作簿中的所有工作表和表对象，见图 2-55。

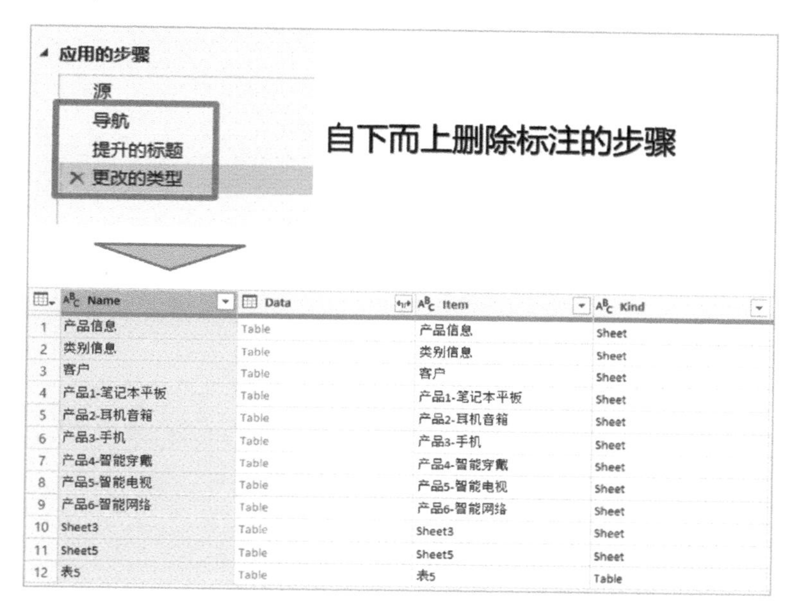

图 2-55　自下而上删除标注的步骤

步骤 3：筛选保留“产品 1……6”工作表。可以利用文本筛选器中的更多选项，快速选中需要的表，见图 2-56。

图 2-56　筛选保留“产品 1……6”工作表

步骤4：删除“Item”“Kind”“Hidden”三列。

步骤5：单击 Data 字段的深化按钮，展开每行工作表其中的数据行。取消“使用原始列名作为前缀”选项，可以使展开的标题文字显示得更加简洁，见图 2-57。

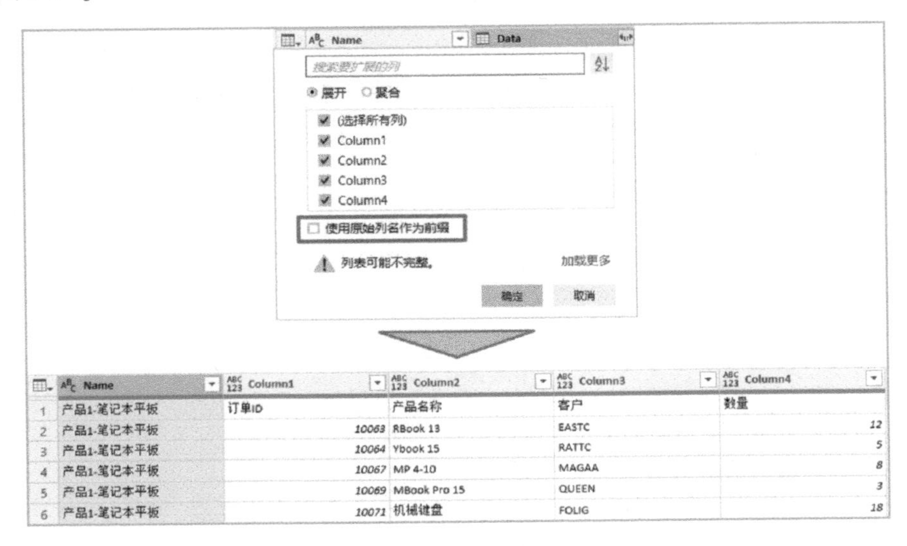

图 2-57　展开工作表数据行

继续向下浏览可以看到出现了一些问题。因为“产品6－智能网络”最后两列是“城市”和“数量”，与前面表中的列序不一致，所以出现错误。这个问题的出现是“深化”方法与“追加查询”的一个区别。要解决这个问题，只能调整 Excel 工作簿文件中的列顺序，调整完成后再进行刷新，见图 2-58，使数据得到同步。

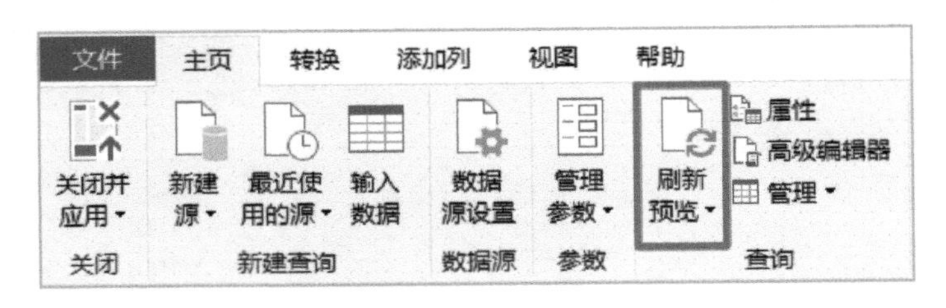

图 2-58　刷新预览

步骤6：删除重复的标题行。来自多表数据源的表头合并后也会重复出现，这也是“深化”方法与“追加查询”的另一个区别。可以用前文中的方法去除。

通过以上 6 个步骤，我们完成了一个工作簿文件中的多个数据表的批量合并。

2.4.3 数据源深化——从文件夹中合并多个 Excel 工作簿数据

Power Query 还可以将来自同一个文件夹中，格式相同的多个数据文件进行合并。

步骤 1：获取数据，指定数据源。见图 2-59，选择“文件”类别中的“文件夹”。在随后的对话框中选择案例“2.4 多文件合并”。

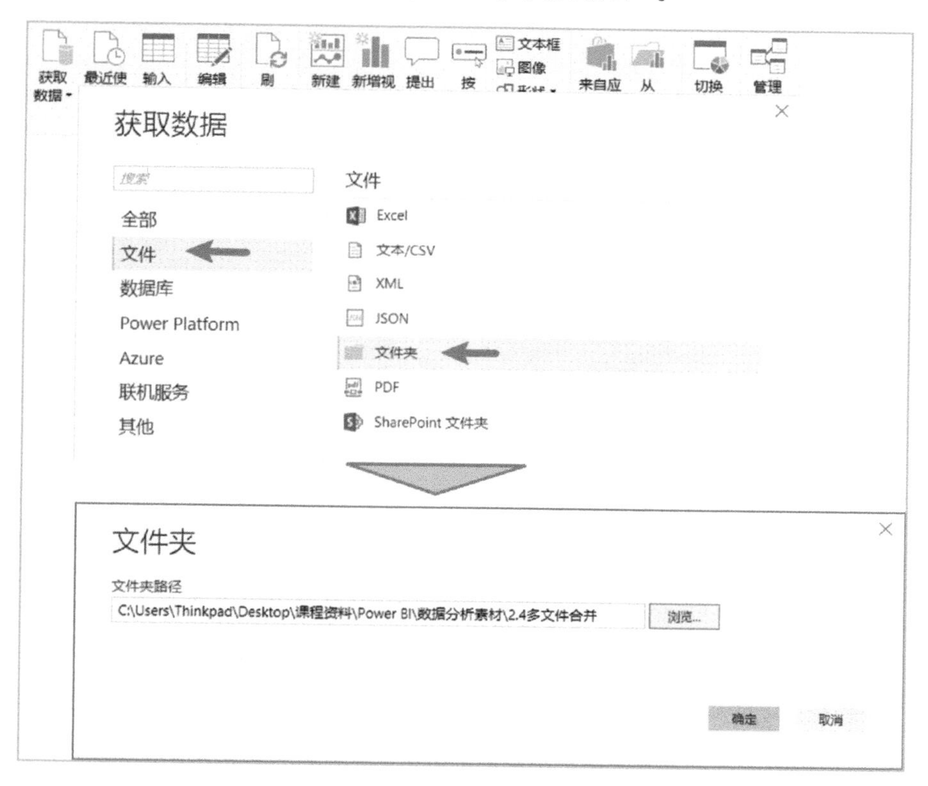

图 2-59 获取文件夹中的 Excel 工作表 1

在图 2-60 出现的对话框中可以预览到获取的数据源表文件。选择“转换数据”按钮。

加载后的数据如图 2-61 所示。目前出现的每一行是一个文件。选择“Content”字段中的一个单元格（不要单击 Binary 文字），可以在下面的预览窗口中看到对应的文件图标，对应的文件中包含了多张工作表。

下面的步骤主要的目的就是将每个文件中的数据读取出来，合并在一起。

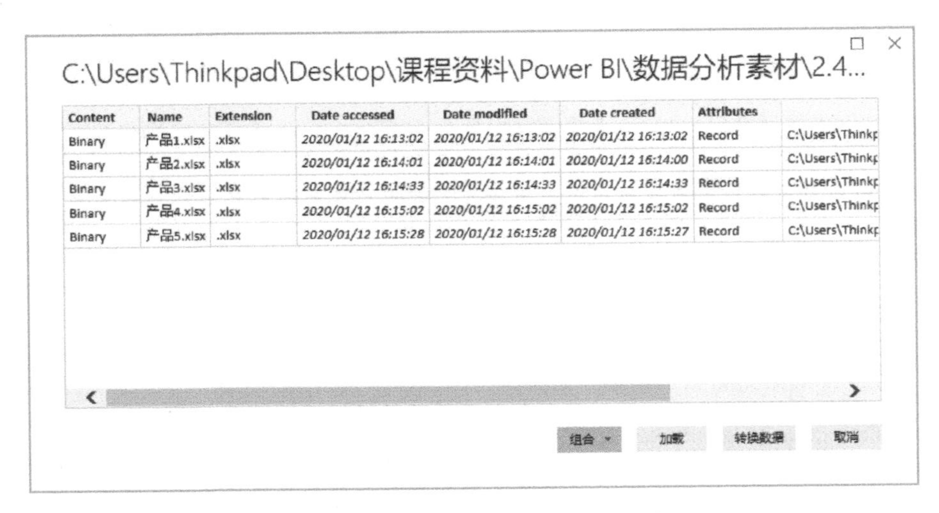
C:\Users\Thinkpad\Desktop\课程资料\Power BI\数据分析素材\2.4...

Content	Name	Extension	Date accessed	Date modified	Date created	Attributes	
Binary	产品1.xlsx	.xlsx	2020/01/12 16:13:02	2020/01/12 16:13:02	2020/01/12 16:13:02	Record	C:\Users\Thinkp
Binary	产品2.xlsx	.xlsx	2020/01/12 16:14:01	2020/01/12 16:14:01	2020/01/12 16:14:00	Record	C:\Users\Thinkp
Binary	产品3.xlsx	.xlsx	2020/01/12 16:14:33	2020/01/12 16:14:33	2020/01/12 16:14:33	Record	C:\Users\Thinkp
Binary	产品4.xlsx	.xlsx	2020/01/12 16:15:02	2020/01/12 16:15:02	2020/01/12 16:15:02	Record	C:\Users\Thinkp
Binary	产品5.xlsx	.xlsx	2020/01/12 16:15:28	2020/01/12 16:15:28	2020/01/12 16:15:27	Record	C:\Users\Thinkp

图 2-60　获取文件夹中的 Excel 工作表 2

	Content	Name	Extension	Date accessed
1	Binary	产品1.xlsx	.xlsx	2020/01/12 16:13:02
2	Binary	产品2.xlsx	.xlsx	2020/01/12 16:14:01
3	Binary	产品3.xlsx	.xlsx	2020/01/12 16:14:33
4	Binary	产品4.xlsx	.xlsx	2020/01/12 16:15:02
5	Binary	产品5.xlsx	.xlsx	2020/01/12 16:15:28

产品1.xlsx
10147 bytes

图 2-61　获取文件夹中的 Excel 工作表 3

步骤 2：整理表的列，保留“Content”并删除其余所有列。因为要删除的列比较多，选择起来会比较麻烦，所以可以用“删除其他列”进行快速的反向删除，见图 2-62。

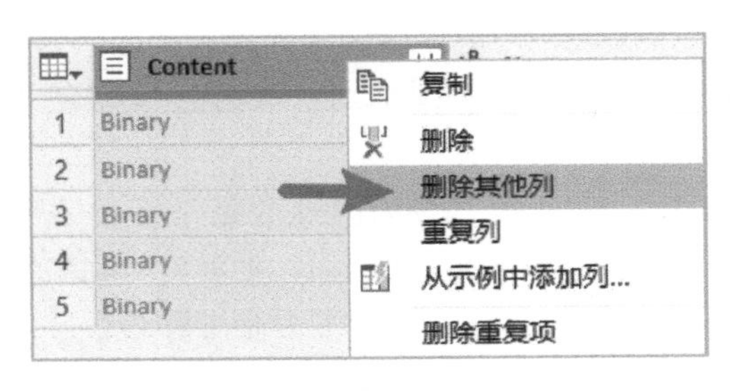

图 2-62　删除其他列

步骤 3：添加计算列。利用 M 语言表达式读取每个 Excel 文件里的数据，见图 2-63。

表达式如下：

数据 = Excel. Workbook （［Content］）

表达式的要点包括：

- 新建字段名称可以任意定义。
- 关键字“Excel. Workbook”的首字母要大写。
- 输入表达式的过程可以看到自动的语法提示。
- 表达式中的字段参数，可以直接在右侧的可用列中引用。

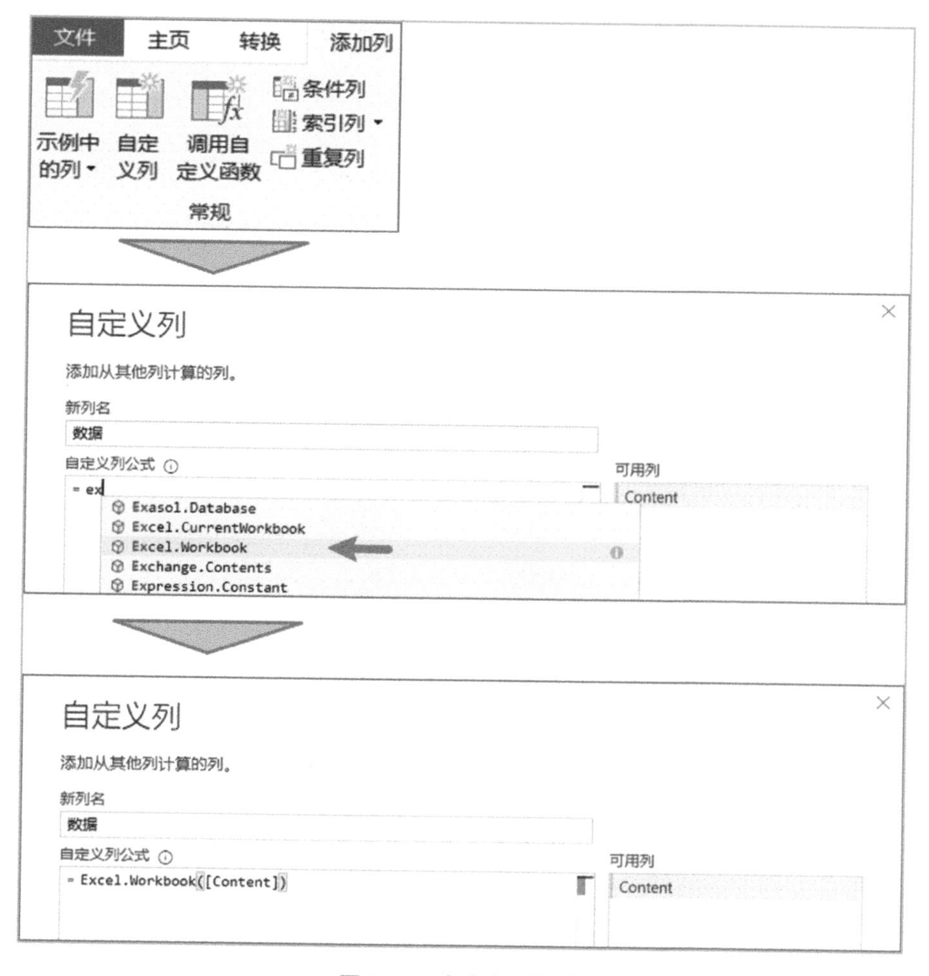

图 2-63　自定义列公式

完成后可以看到图 2-64 的表。

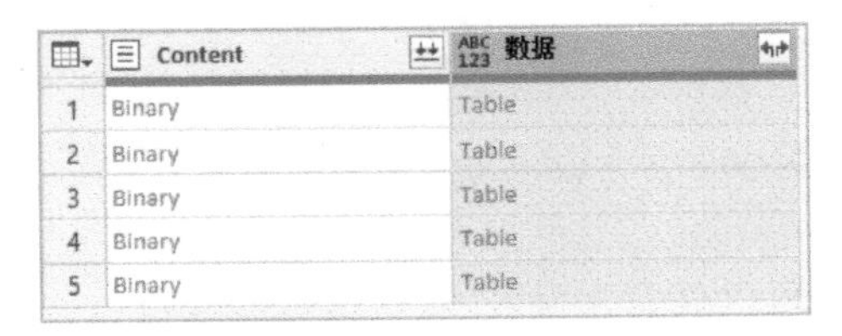

	Content	数据
1	Binary	Table
2	Binary	Table
3	Binary	Table
4	Binary	Table
5	Binary	Table

图 2-64　获取表格内容

步骤 3：进行数据源第一次深化，然后保留“Data”字段，删除其他字段，如图 2-65 所示。

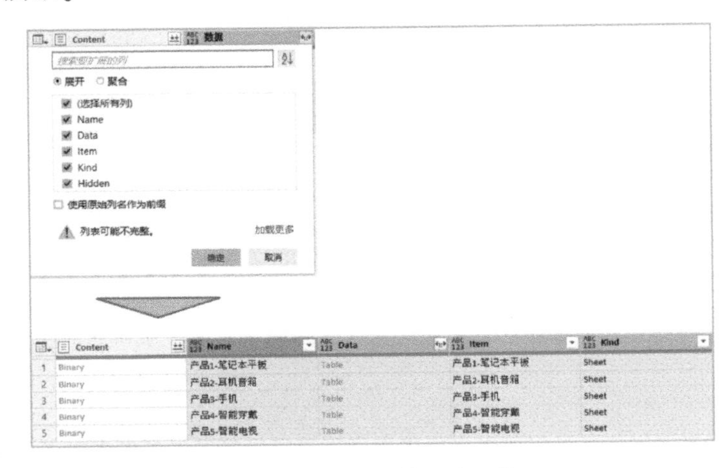

图 2-65　数据源第一次深化

步骤 4：进行数据源第二次深化，见图 2-66。

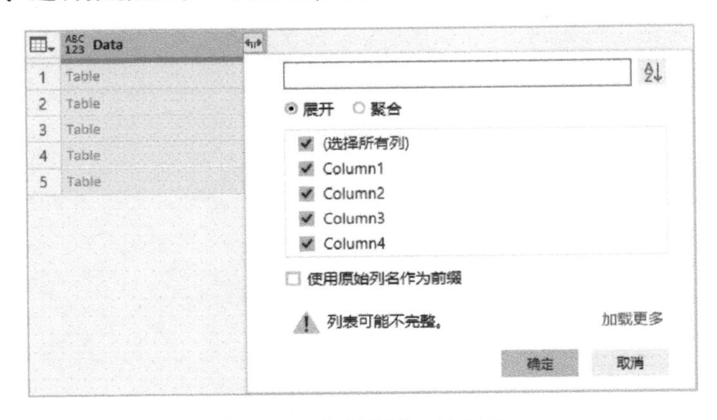

图 2-66　数据源第二次深化

步骤 5：对合并完成的数据表提升标题，去除重复的标题。

本案例主要用图形化操作方式完成，其中添加的自定义字段，使用的表达式是本书中少有的 M 语言操作，这里的表达式还是比较容易理解的。

2.4.4　合并查询

Power Query 不但包括追加查询，还提供了将两张表格横向结合的“合并查询”。这项功能类似 Excel 中的 Vlookup 函数，根据数据表中的关键信息，将另一个表的相关信息合并过来，使要进行分析的数据源列字段更加完整。

加载案例文件“2.4 多表数据合并 .xlsx”，选择工作表“产品信息”和“类别信息”，见图 2-67。因为在产品信息中缺少产品所属类别，所以可以利用合并查询将类别关联在一起。

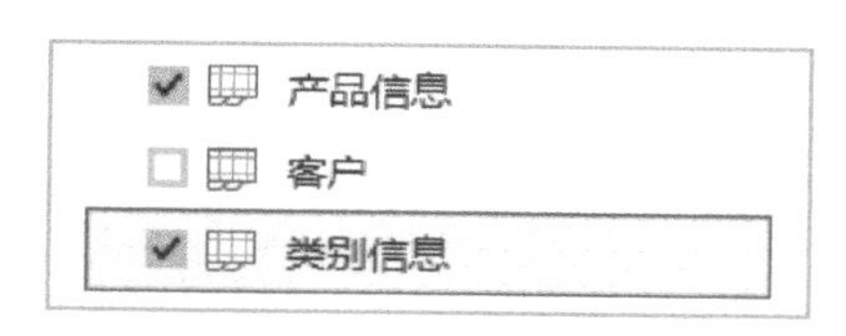

图 2-67　选择工作表

步骤 1：选择刚刚加载的“产品信息”查询，在“主页”选项卡中打开“合并查询”，见图 2-68。

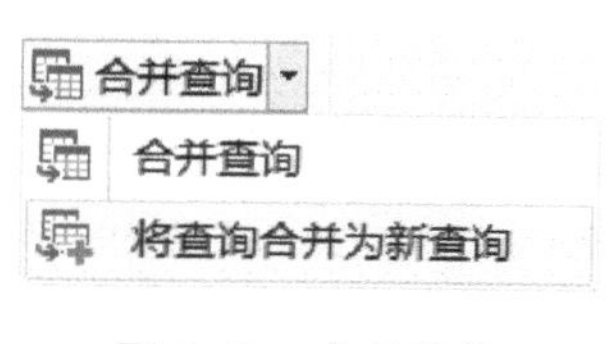

图 2-68　合并查询

步骤 2：在对话框中间位置的下拉菜单中选择“类别信息”，按图 2-69 箭头所指的位置选择关联的字段。

在“联接种类”中保持默认选项“左外部”，它指的是以对话框中第一个表中出现的产品为依据，关联引用第二个表对应的类别。在类别表中包含的产品类别，可能要比产品表中出现得更多，这种联接类型，就不会显示多余的类别。读者也可以在完成后，通过修改这个查询步骤，比较一下各种联接类型的差别。

步骤 3：将关联后的类别信息展开。单击字段标题的深化按钮，选择要合并的“主类别”字段，见图 2-70。

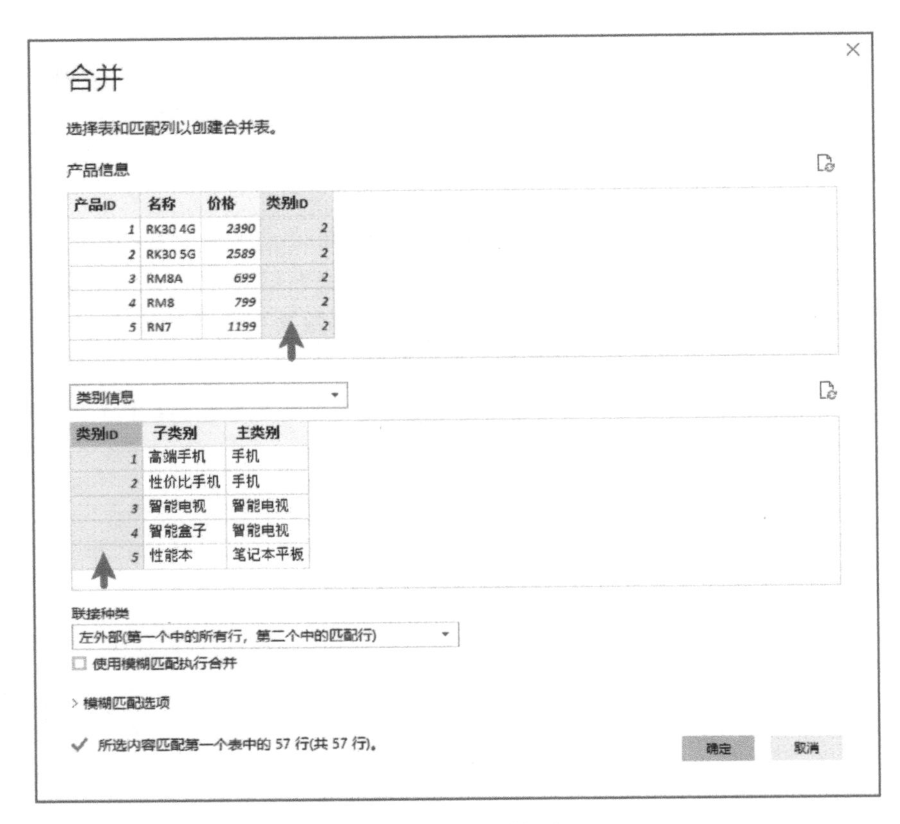

图 2-69 选择关联的字段

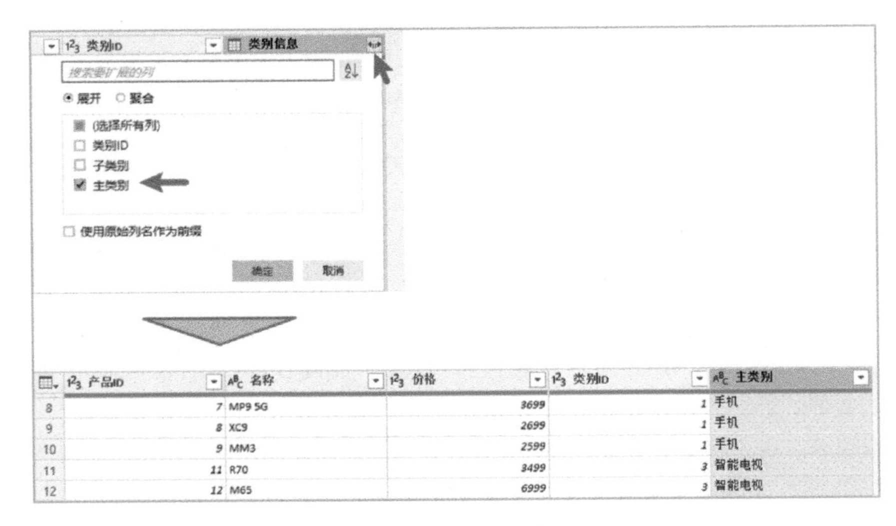

图 2-70 展开字段

这种扩展数据的操作，在后面的章节中还会用数据关系模型的方式完成，而且这是 Power BI 应用的重点，我们还会详细介绍。

2.5　Excel Power Query 数据查询应用

现在已经了解了 Power Query 具有代表性的强大功能，在清洗与合成数据方面可以非常轻松地完成。现在，应该有很多用户都会想到一个问题：如何将 Power BI 整理的数据放到 Excel 中？

用户有这个需要是很正常的，因为我们对 Excel 应用更加了解，很多用户还是希望利用 Excel 的透视表、函数、图表等功能完成大量数据分析的。

如果希望将大量数据用 Excel 进行分析，可以选择 Excel 2016 专业增强版中内嵌的 Power Query 组件。它的功能与 Power BI 提供的功能一样，但是因为要将数据处理与 Excel 进行衔接，所以要重点学习一下这部分功能。

2.5.1　Excel Power Query 应用

在 Excel 2016 专业增强版或更高版本中自带了 Power Query 数据查询组件。图 2-71 显示的是 Office 2016 和 Office 365 版本中 Excel 的 Power Query 功能。

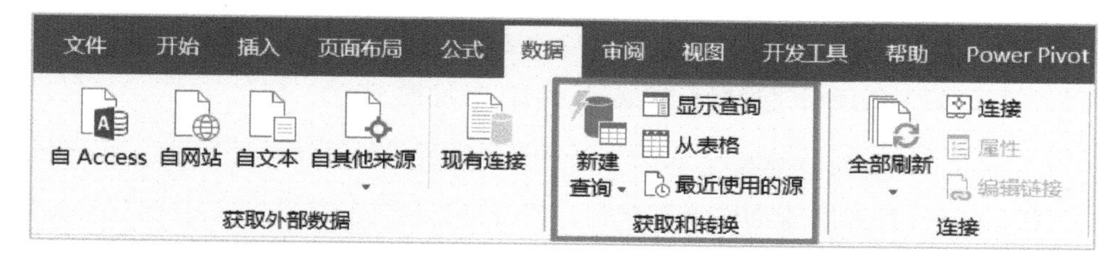

图 2-71　Excel 2016 的 Power Query 功能

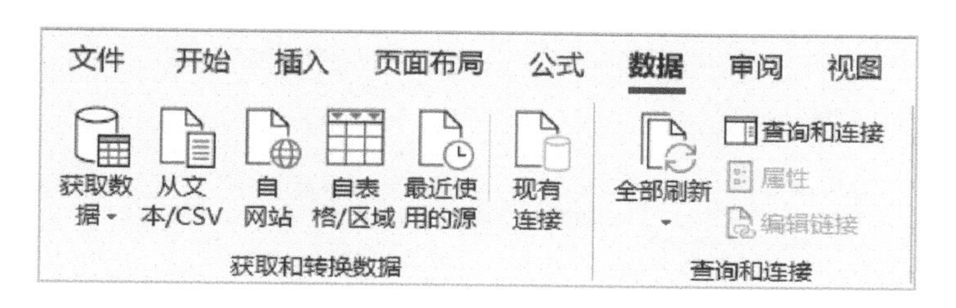

图 2-72　Excel 365 的 Power Query 功能

在 Excel 中与 Power Query 有关的功能都集中在功能区“数据”选项卡中，不同版本的功能菜单名称略有差别，见表 2-2。

表 2-2　Excel 2016 和 Excel 365 Power Query 按钮的区别

工具说明	Excel 2016	Excel 365
从多种外部数据源加载数据到查询	新建查询	获取数据
从当前文件选择区域加载数据到查询	从表格	自表格/区域
在 Excel 中显示“查询与连接”任务窗格	显示查询	查询和连接

利用上面的工具可以开始数据加载。在进行查询编辑时，Excel 也会自动打开“Power Query 编辑器”。

这里请注意，在“编辑器”操作的时候不能操作 Excel 窗口，包括打开新的电子表格文件，也会因为正在打开着 Power Query 编辑器，而看不到新打开的文件窗口。

2.5.2　Excel Power Query 数据查询结果加载选项

1. Power Query 上载数据选项

在 Excel 中的数据查询编辑完成后，利用并加载这些数据的方法与 Power BI 中有很多区别。可以选择表、数据透视表、数据透视图、仅创建连接、将此数据添加到数据模型等加载方式，见图 2-73。

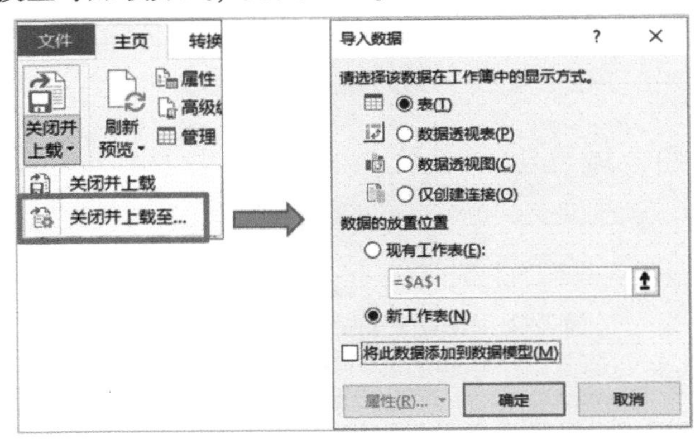

图 2-73　Power Query 上载数据选项

- **表**：将数据查询结果返回到 Excel 工作表中。在 Excel 中的每张工作表都有 1048576 行，如果数据记录行高于这个值，数据会显示不完整、表格操作速度也会受到影响。
- **数据透视表、数据透视图**：将查询数据直接用于生成数据透视图表，获得统计结果，数据不会在工作表中出现。
- **仅创建连接**：将数据源路径、数据查询整理步骤保留，不会将数据返回到 Excel。数据连接配置信息保留在当前的 Excel 文件中，也可以将连接配置保持为文件。

在做以上选择的同时，还可以选择对话框中的“将此数据添加到数据模型”选项，就是将数据保存到 Excel 中的 Power Pivot 数据模型中。这个选项的经典应用场景如下：

- 数据源的信息量非常大，超过 Excel 工作表承受范围，数据模型可以帮助 Excel 存储“大数据”信息，打破工作表 1048576 行记录限制，并对数据进行压缩。
- 数据分析需要的信息不是在一张表中，而是像数据库中的规范结构，分布在几个不同主题的表中。表与表需要建立链接关系，完成数据查询，获取更完整的基础数据。

Power Query 与 Power Pivot 应用流程如图 2-74 所示。

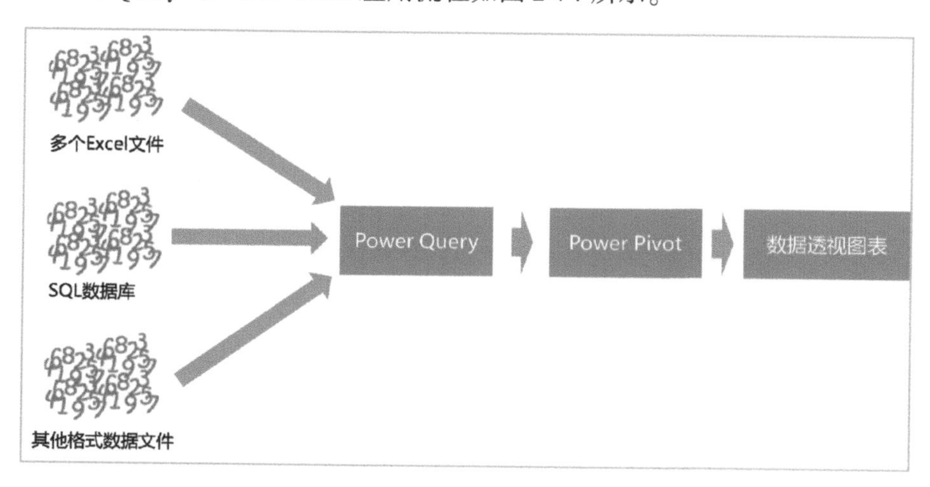

图 2-74　Power Query 与 Power Pivot 应用流程

Power Pivot 数据模型功能可以在“数据”选项卡中找到，见图 2-75。

2. 更改上载数据选项

如果在 Excel Power Query 中最初选择了直接将数据上载到工作表，但后来发现工作表中的数据量比较大，不便于操作，或者需要多个表关联配合才能完

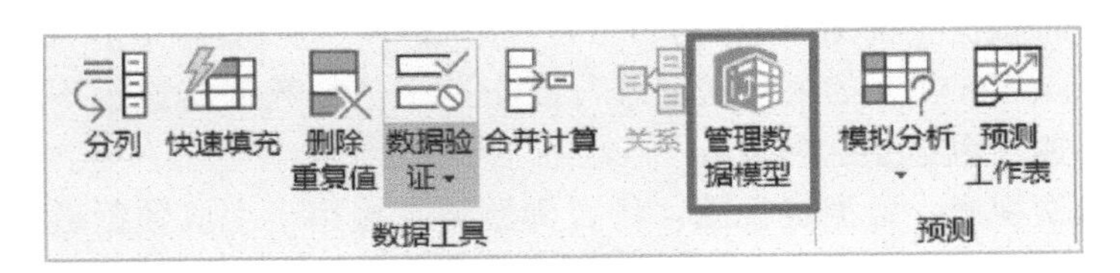

图 2-75　管理数据模型按钮

成所需的数据分析，这时就要修改数据加载方式。做这项设置的重新调整不能在 Power Query 窗口的“关闭并上载至”中操作，只能从 Excel 窗口右侧的“查询 & 连接”窗格中完成。在查询项目的右键菜单中选择“加载到”，见图 2-76。

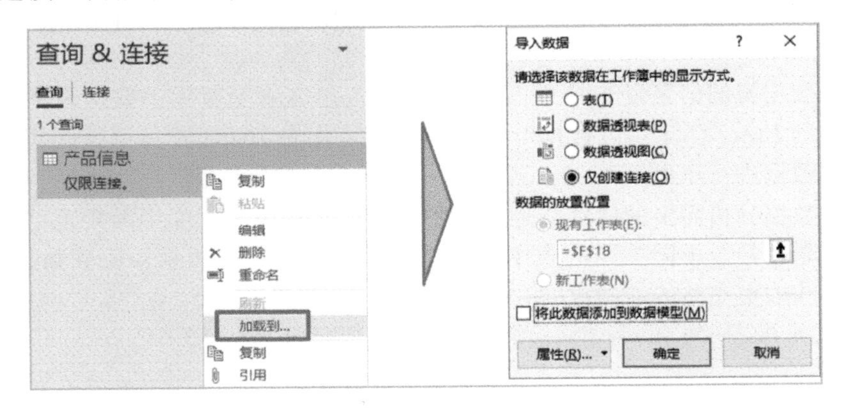

图 2-76　更改加载方式

注意：如果“查询 & 连接”窗格没有显示，可以单击“数据”选项卡中的 显示查询 或 查询和连接 按钮。

2.6　总结

Power BI 应用要遵循规范的流程，每个阶段有对应的功能模块。本章介绍了如何利用 Power Query 组件对数据进行获取、清晰、转换、追加等应用，它们是对应大数据分析的 ETL（Extract-Transform-Load）功能。因为 Power BI 是面对职场用户的全员 BI 工具，所以在学习与练习后会发现，这些数据处理工作极为简单，不需要复杂的编程与代码调试，甚至可以替代 Excel VBA 的一些开发工作。

利用本章学习的技能，可以为后面章节准备好规范的数据，顺利完成数据建模。

第 3 章 数据分析模型

数据分析模型是 Power BI 的主要功能，负责对查询加载的外部数据建立关系结构、进行分析计算，为下一步数据可视化分析奠定基础。本章介绍的内容涉及数据关系结构建立、DAX 数据表达式、计算列与度量值计算等技术，图 3-1 是本章主要知识点的思维导图。

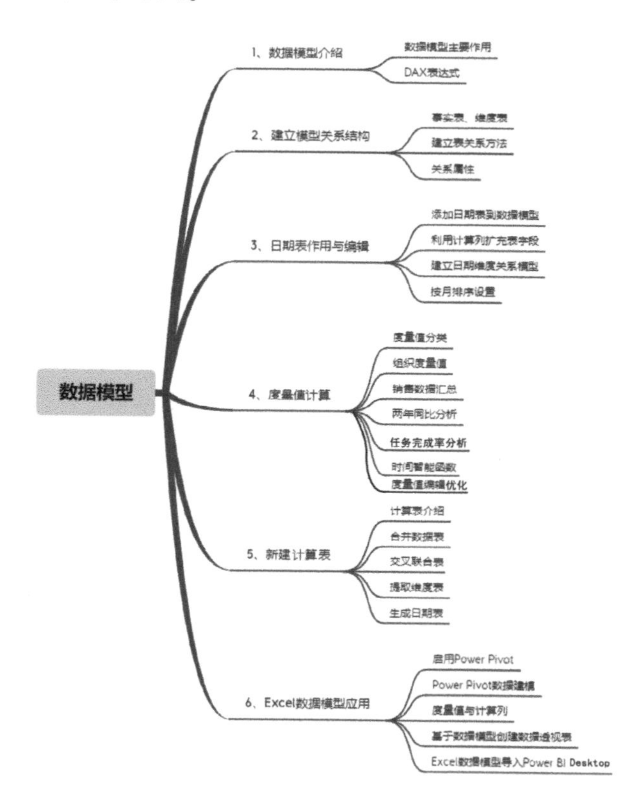

图 3-1　第 3 章知识结构思维导图

3.1 数据模型介绍

Power BI 中的数据模型主要包括：表关系、计算列、度量值、计算表。实现以上模型内容的工作称为“数据建模”（下文简称“建模”）。

3.1.1 数据建模主要作用

在实际工作中，经过 Power Query 清洗加载进来的数据，可能有各种问题需要在建模过程中进行处理。数据可能会来自一张比较完整的表、多个表、多个数据源；也会根据需要将表格中的数据进行提取，在 Power BI 中产生新的表；各个表中，在已有的字段基础上一般还需要进行字段扩充、细化，以满足各个角度详细数据分析的需求；最重要的就是要统计计算的字段，在 Power BI 中要求用公式函数进行“封装”，以满足更丰富的数据筛选分析计算的需求。

1. 表关系

建立表关系有以下用途：

- **将业务数据综合大表拆分管理。**

在日常工作中，数据分析用户经常会把自己管理的数据都放在一张 Excel 表中，见图 3-2。例如，对于销售数据的管理就会有下面的情况：产品信息、客户信息、订单信息都放在一张大表中。这样做主要带来两方面问题：一方面，会使表格中出现很多重复的信息，增加存储占用空间；另一方面，重复出现的信息一旦有一点差异，最终统计的结果就会有错误。

订单ID	产品ID	产品名称	产品子类别	客户	客户联系人	城市	地址	数量	折扣	单价
10063	42	入耳式耳机	线控耳机	EASTC	林小姐	天津	光复北路 895 号	1	0	59
10063	44	降噪入耳式耳机	线控耳机	EASTC	林小姐	天津	光复北路 895 号	15	0	299
10063	20	RBook 13	性能本	EASTC	林小姐	天津	光复北路 895 号	12	0	4499
10064	56	NFC 运动手环4	智能手表	RATTC	余小姐	温州	辅城路 601 号	20	0	229
10064	22	Ybook 15	游戏本	RATTC	余小姐	温州	辅城路 601 号	5	0	7299
10064	48	运动蓝牙耳机	蓝牙耳机	RATTC	余小姐	温州	辅城路 601 号	19	0	99
10064	5	RN7	性价比手机	RATTC	余小姐	温州	辅城路 601 号	18	0	1199
10065	3	RM8A	性价比手机	ERNSH	谢小姐	深圳	临江东街 62 号	15	0	699
10065	55	AI Watch	运动手环	ERNSH	谢小姐	深圳	临江东街 62 号	2	0	1999
10066	48	运动蓝牙耳机	蓝牙耳机	ERNSH	谢小姐	深圳	临江东街 62 号	4	0.15	99
10066	53	Mai智能音箱	智能音箱	ERNSH	谢小姐	深圳	临江东街 62 号	10	0.15	269
10067	18	MBox4	智能盒子	MAGAA	刘先生	深圳	城东大街 47 号	19	0.05	299
10067	38	MAC4A	路由器	MAGAA	刘先生	深圳	城东大街 47 号	1	0.05	129
10067	27	MP 4-10	平板电脑	MAGAA	刘先生	深圳	城东大街 47 号	8	0.05	1899

图 3-2　日常销售信息综合大表

建议模仿数据库系统中管理表格关系的方式，将下表中出现的三方面信息分解为三张单独的表，然后用每个表中具有唯一性的编号或编码进行关系建立，形成一个整体，实现相互引用相关信息的功能。

- **连接数据信息统一规范。**

在日常工作中，收集的数据可能有各种各样不统一的名称，例如，图 3-3 销售数据表产品中，出现了“游戏笔记本”“游戏专用”，这些都可以统一为一个类型——“游戏本”。针对这类情况，可以建立一个规范各种类型的“映射表”。利用表关系就可以将“规范产品类别”引用到销售数据表中，得到统一的类别信息。

非规范产品类别	规范产品类别
游戏笔记本	游戏本
游戏专用	游戏本
AI音箱	智能音箱
人工智能音箱	智能音箱
游戏耳机	蓝牙耳机
运动耳机	蓝牙耳机
防水耳机	蓝牙耳机

图 3-3　规范产品名称数据表

在 Power BI 数据建模中，还需要很多提供基础信息的表（维度表），例如，日期表、产品信息表、国家地区对照表、销售人员表。因此建模过程中的表关系建立是必不可少的重要工作。

本章完成后将得到图 3-4 的关系结构：

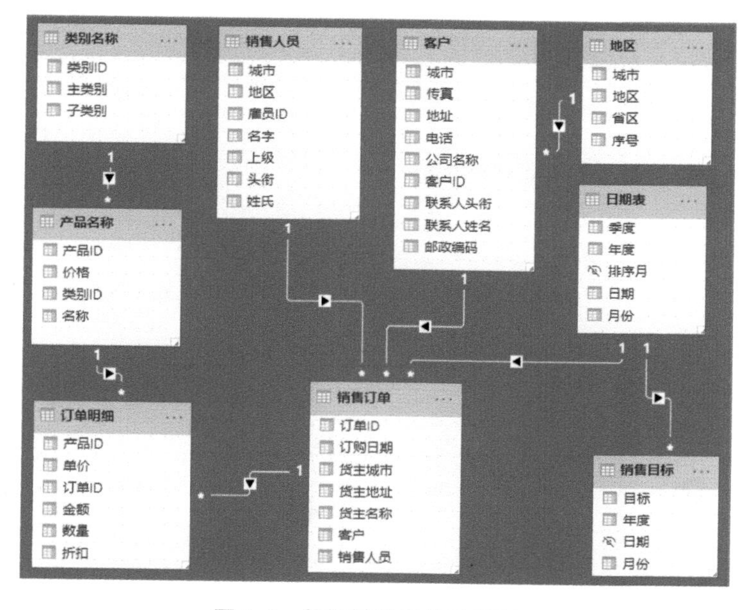

图 3-4　数据模型表关系示意 1

2. 计算列

在数据表中通过公式、函数组成的运算表达式，扩充出需要的字段，用于数据分析。例如，表中有员工的身份证号码，现在需要得到出生日期信息，就可以用计算列的方式获得。

3. 度量值

通过使用度量值，可以在 Power BI 中创建某些功能强大的数据分析解决方案。度量值可在与报表进行交互时，帮助对数据执行计算。可以使用自动度量值完成常见的求和、平均值、计数等聚合计算；对于特殊的计算，可以使用 DAX（Data Analysis Expressions，数据分析表达式）函数创建度量值，这也是数据建模中最重要的工作。

4. 计算表

“计算表”方法与数据从外部数据源导入模型加载表不同，借助“计算表”，可以根据已加载到模型中的数据生成新表。

3.1.2 DAX 表达式

在建模过程中，与计算有关的工作都需要 Power BI 特有的 Data Analysis Expressions 数据分析表达式，以下简称 DAX 表达式。

DAX 表达式使用许多与 Excel 公式相同的函数、运算符和语法。但是，DAX 函数用于在与报表进行交互筛选时，对有关系的数据执行动态的计算。超过 200 个 DAX 函数库可以执行任何计算，从总和、平均值的简单聚合到更复杂的统计和筛选函数，这个库为创建度量值提供了巨大的灵活性，几乎可以计算任何数据分析所需的结果。总之，DAX 表达式可帮助用户通过模型中已有的数据来创建新信息。

下面对 DAX 表达式的常规应用做一下说明。

1. 应用位置

DAX 表达式编写要在“编辑栏”中完成。按照图 3-5 的顺序，选择“报表”或“数据”视图，在“建模”选项卡中选择要创建的计算对象，就会出现公式

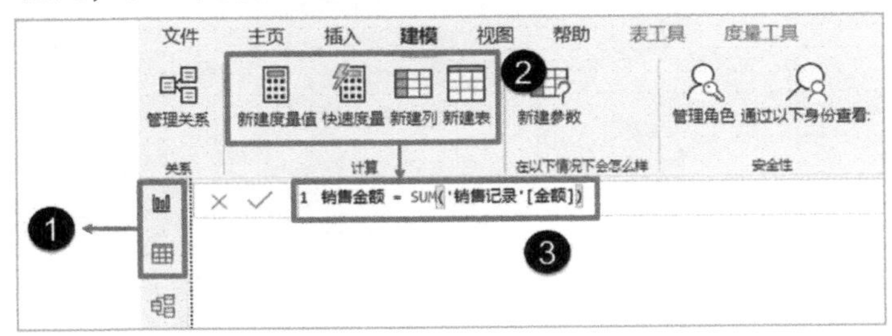

图 3-5 DAX 表达式示意

编辑栏，按照 DAX 的公式语法完成表达式的编写。

- 报表视图、数据视图。
- 计算功能。
- DAX 公式。

2. 语法结构

下面以“度量值”对象为例，说明 DAX 表达式的语法，见图 3-6。

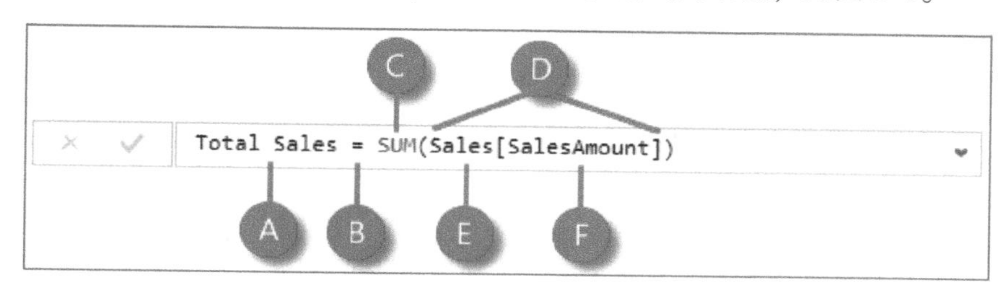

图 3-6 DAX 语句结构

此公式包含以下语法元素：

A. 度量值名称 Total Sales。

B. 等号运算符（=）表示公式的开头。完成计算后将会返回结果。

C. DAX 函数 SUM 会将 Sales［SalesAmount］列中的所有数字相加。稍后将了解有关函数的详细信息。

D. 括号（）会括住包含一个或多个参数的表达式。所有函数至少需要一个参数。一个参数会传递一个值给函数。

E. 引用的表 Sales。

F. Sales 表中的引用列［SalesAmount］。使用此参数，SUM 函数就知道在哪一列上进行聚合求和。

尝试了解 DAX 公式时，将每个元素分解成用户平日思考及说出的话语会很有帮助。例如，可以将此公式读成：对于名为 Total Sales 的度量值，计算（=）Sales 表的［SalesAmount］列中的值的总和。

利用 DAX 函数完成的度量值需要放入报表图表中，才能呈现运算结果。

3. 引用对象智能感知

在输入表达式的过程中，输入函数名称关键字开头的字母，编辑栏会自动匹配相关关键字，出现提示列表。使用鼠标，或键盘上的上、下方向键选择函数，然后回车，就可以轻松选择需要的函数，见图 3-7。

在函数参数输入过程中，会发现自动出现数据模型中的表和附属字段，也可以输入单引号“’”，这样可以出现字段列表，见图 3-8，使用鼠标或键盘的上、下方向键选择函数并确认。

图 3-7　引用对象智能感知

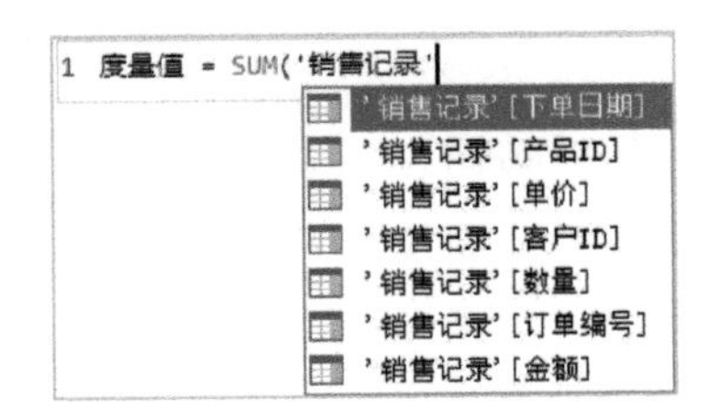

图 3-8　引用数据表和字段

另外一个智能提示的符号是中括号“[”，在输入这个符号后会显示创建度量值、列表时，正被选中的表中的可用字段列表。

注意：建议创建度量值时，用完整的“表”[字段名称] 结构。

4. 公式运算符号

DAX 公式运算符号与 Excel 基本一致，具体作用见表 3-1。

表 3-1　DAX 公式运算符号

运 算 符	符　　号	作　　用
算术符	+	加法
	-	减法
	*	乘法
	/	除法
比较符	=	等于
	< >	不等于
	>	大于
	> =	大于等于
	<	小于
	< =	小于等于
文本连接	&	连接字符串
逻辑符	&&	且（and）
	| |	或（or）

注意：与 Excel 公式函数一样，DAX 表达式中出现的所有运算符号都要来自英文输入法，半角字符。

4. DAX 表达式的常用函数类别

与 Excel 中的函数类似，DAX 根据作用被分为多种类型，根据类型寻找有用的函数可以提高应用和学习效率。函数分类与代表性的函数说明见表3-2，具体函数应用方法会在后续章节中介绍。

表3-2　DAX常用函数

函数类型	作　用	示　例
聚合函数	对数据进行基本的统计汇总	SUM、AVERAGE、COUNT、DISTINCTCOUNT
逻辑函数	对数据进行逻辑判断	IF、AND、OR、SWITCH
筛选器函数	计算中用于筛选条件控制	CALCULATE、FILTER、All
数学函数	数学运算	ABS、DIVIDE、ROUND、INT
信息函数	数据信息判断	ISBLANK、ISERROR、ISNUMBER
文本函数	文本格式转换函数	FORMAT、LEFT、MID、Find
日期时间函数	日期和时间数据处理	YEAR、MONTH、DATE、TODAY
关系函数	根据表关系进行数据查询调用	RELATED、RELATEDTABLE
时间智能函数	智能地控制调用各种时间周期数据	TOTALYTD、TOTALMTD、DATEADD

以上函数仅是DAX的一小部分函数示例，比较常用，也是本书重点讲解的内容。

3.2　建立模型关系结构

数据建模首要任务是进行数据关系模型建立，将准备分析的数据整合在一起。有了关系，在大数据分析时，筛选条件可以传播到其他模型表。只要有关系路径可循，筛选条件就会进行传播，能传播到多个表。

下面介绍建立关系模型的基本概念和前提条件。

3.2.1　事实表和维度表

数据模型中有两类表：事实表与维度表。

1. 事实表的含义和特征

事实表一般都很大，以能够正确记录历史信息为准则。

- 记录业务发展、更新的事实数据。
- 包含统计数据的数值型字段。
- 一个事实数据表都要和一个或多个维度表相关联。

例如销售记录、订单信息、采购信息、任务目标等，都是事实表。

2. 维度表的含义和特征

维度表就是观察该事务的角度（是从哪个角度去观察这个内容的）。支持事实表各个属性的描述信息，包括层次及类别等。

- 相关记录的属性类别信息。
- 类别名称映射信息。
- 连接两个表多对多关系的“中间表”或“媒介表”。
- 维度表中的信息会用于条件筛选器。

例如：产品类型、子类型、地区信息、组织部门结构、日期周期、名称映射信息等，都是维度表。

3. 事实表与维度表关系建立的前提条件

- 维度表提供建立关系的主关键字段，这个字段要有唯一性，比如唯一的名称或唯一的编号。
- 事实表提供与维度表建立关系对应的外部关键字段。这个字段可以有重复值，字段标题不要求完全相同。
- 两表对应字段数据类型相同。
- 两个模型表之间不能创建多个关系，只能有一条活动的筛选条件传播路径。其他关系路径会被设置为“非活动状态”。在模型视图中，活动关系用实线表示；非活动关系用虚线表示。

根据上述介绍，图 3-9 中“订单明细”表是“事实表”，“产品名称”表是“维度表”。

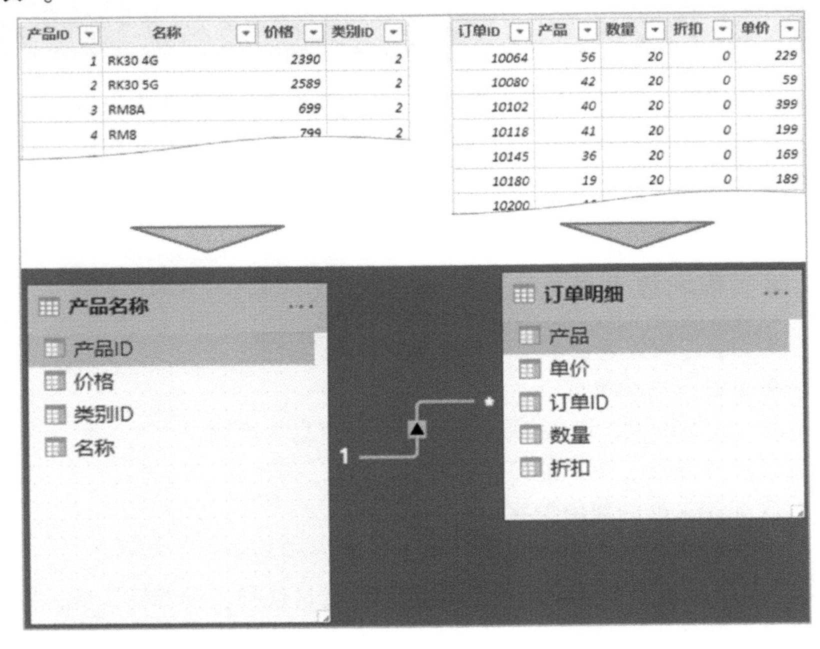

图 3-9　两表关系示意

“产品名称”表包含的“产品 ID”是主关键字段，具有唯一性，代表每一个不重复的产品。“订单明细”表中的“产品”字段与“产品 ID”是对应的外部关键字段。因为一种产品在订单中一般会多次出现，所以这里出现的关系是“一对多”。

通过建立这个关系，就可以顺着这条线索从订单明细中查询到具体的“产品名称”信息了。

3.2.2　建立表关系方法

下面利用案例文件“3.1 数据建模 . xlsx”提供的数据创建表关系。

1. 自动创建表关系

Power BI 中提供了自动创建表关系的功能，默认状态下这个功能是启动的，可以根据需求设置这个选项，具体步骤如下：

使用“文件”选项卡中的“选项和设置”命令，在打开的对话框中找到“当前文件”-“数据加载”-“加载数据后自动检测新关系”选项，可以看到这个选项已经启用。如果要让这项功能起到自动识别关系的作用，需要让表格中的字段满足以下条件：

- 建立关系的主键、外键字段名称一致。
- 字段类型统一。

这里我们导入“产品信息”“订单明细”表，会看到它们之间的关系已经建立。

在批量导入多个数据表时，有时会有多个字段达到这一要求，因而，通过自动检查可能会建立起不是我们需要的关系，对应这种情况可以将这个选项关闭，改用手动创建的方法，见图 3-10。

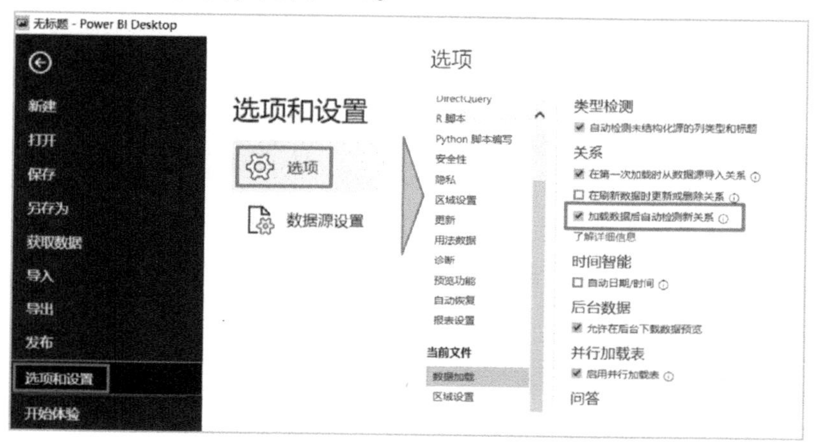

图 3-10　取消自动检测关系

为了下面练习手动创建关系，我们将这个选项去除。这个选项是跟当前文件有关的，如果在新的 Power BI 文件中，会发现这个选项还是存在的。

2. 手动创建表关系

下面用手动拖曳字段的方式创建表关系。

步骤 1：继续加载案例文件中的“产品名称”“类别名称”“销售订单”“客户”“订单明细”工作表。通过“导航器”对话框预览各个工作表，如数据格式符合规范，直接单击“加载”按钮，见图 3-11。

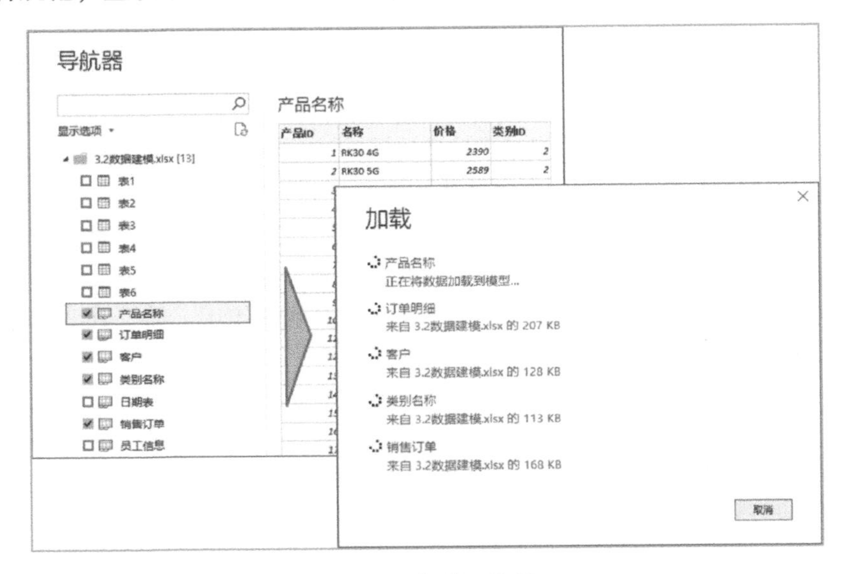

图 3-11　加载工作簿

步骤 2：完成加载后，在左边的视图导航中单击“模型”按钮，后来导入的表格没有自动建立关系。单击图 3-12 窗口右下角的工具，使所有表格能显示在视图中。根据表之间的相关性，重新手动摆放表。

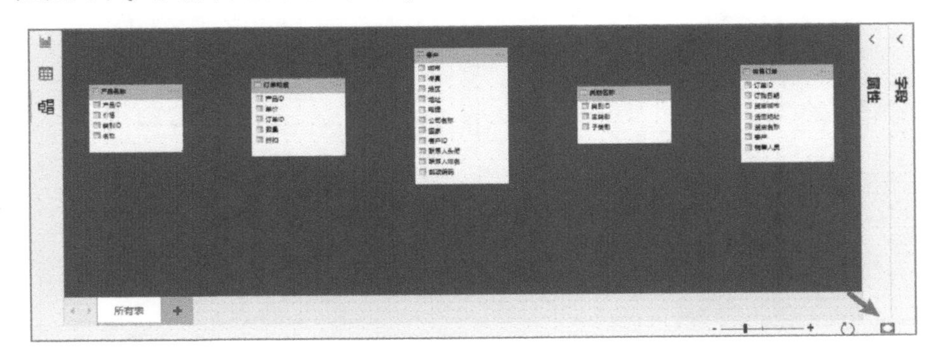

图 3-12　显示模型中的数据表

步骤 3：根据数据表之间的逻辑关系，将创建关联的字段拖动到另一个表对应字段上，这里可以相互拖动没有限制。当操作的字段满足了创建关系的要求，并且两个表中没有其他已经存在的关系，就可以正常创建完成了，见图 3-13。

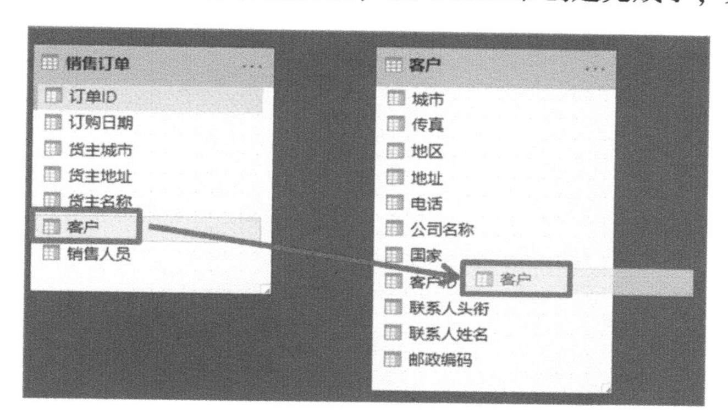

图 3-13　手工建立表关系

本案例选取的表建立关系请参考图 3-14，其中上面 5 个属于维度表，下面 2 个属于事实表。

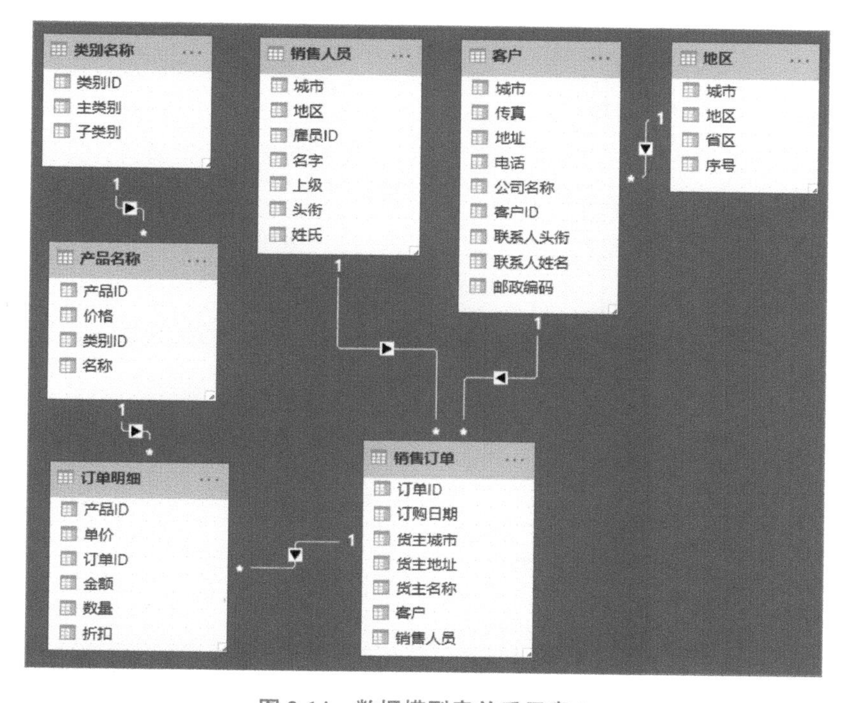

图 3-14　数据模型表关系示意 2

3. 调整关联关系

表关系模型创建完成后，还可以随时调整关系。

方法 1：双击关系连接线，在出现的“编辑关系”对话框中进行设置，见图 3-15。

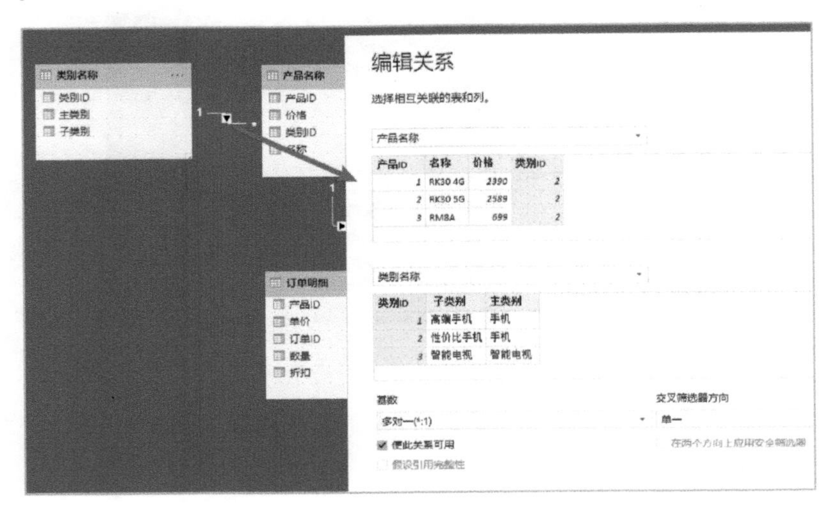

图 3-15　编辑关系方法 1

方法 2：使用“管理关系”命令。

当前数据模型中所有关系信息还可以在“管理关系”中看到。在对话框中单击“编辑”按钮，可以看到上文中的“编辑关系”，见图 3-16。

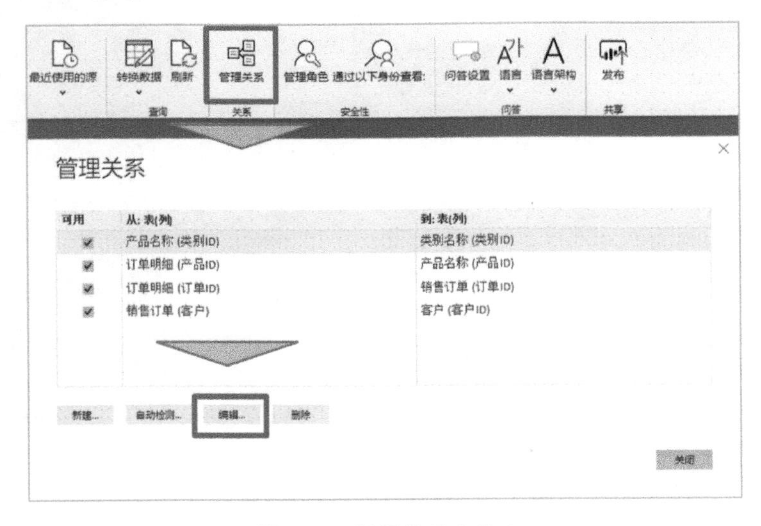

图 3-16　编辑关系方法 2

3.2.3　关系属性

表关系的建立，还需理解关系基数和交叉筛选器方向。

1. 关系基数

关系基数也可以理解成关系类型，共有以下四种：

- 一对多（1：＊）。
- 多对一（＊：1）。
- 一对一（1：1）。
- 多对多（＊：＊）。

这四种关系在软件中显示为图 3-17。

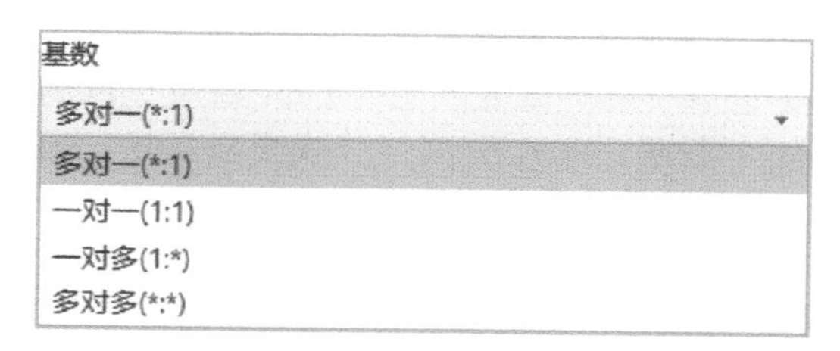

图 3-17　四种关系

“一对多”和“多对一”基数选项基本相同，并且它们也是最常见的基数类型。

在 Power BI 中创建关系时，将自动检测并设置基数类型。模型设计器之所以执行此操作，是因为它会查询模型，以了解哪些列包含唯一值。对于导入模型，它使用内部存储统计信息；对于 Direct Query 模型，它向数据源发送分析查询。

“一对一”关系意味着两个列都包含唯一值。这种基数类型并不常见。“多对多”关系意味着两个列都可以包含重复值。这种基数类型很少使用。

2. 交叉筛选器方向

这个选项将决定筛选器的传播方向，可能的交叉筛选选项取决于基数类型，在软件中显示为图 3-18。

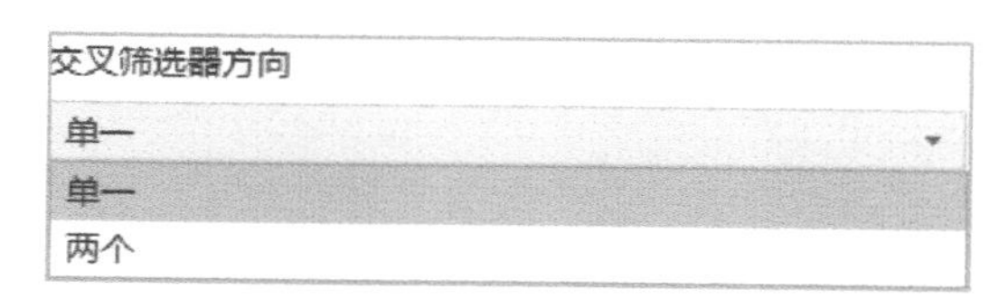

图 3-18　交叉筛选器方向

- 在“一对多”和“多对一”基数选项时：通常使用“单一”，筛选方向始终从“一”侧开始。
- 双向关系可能会对性能产生负面影响。此外，尝试配置双向关系可能会导致筛选器传播路径不明确。在这种情况下，Power BI 可能无法提交关系更改，并通过错误消息发出警报。

简单来说，Power BI 中的关系选项一般按自动识别的配置就可以。

3.3 日期表作用与编辑

日期层次结构（年、季度、月、周、日）是数据分析的常用维度。Power BI 数据模型中需要包括“日期表”，在这里它有着多种作用：

- 日期表中至少包括一列不重复的日期格式数值，范围涵盖了数据模型中全部事实表的日期所在年度的第一天到最后一天，即××××年1月1日—××××年12月31日。
- 作为日期基础维度表，包括年、季度、月、日不同级别“颗粒度”的维度信息。
- 作为中间媒介表，链接多个与包含日期字段的事实表，以便按统一的日期维度，进行数据对比分析。
- 基于指定的日期表中的日期序列字段，使用 DAX 中的“时间智能”函数，自动完成同比、环比、迭代累计等数据计算。

3.3.1 添加日期表到数据模型

Power BI 默认情况下在后台工作，自动识别表示日期的列，然后代表用户为模型创建日期层次结构数据。用户可以在创建报表功能（如视觉对象、表、切片器等）时使用这些内置层次结构。Power BI 通过代表用户创建隐藏表来实现此操作，用户可以将数据用于报表和 DAX 表达式。

许多数据分析师更倾向于创建自己的日期表，这样做也可以。在 Power BI 中，可以指定希望模型将其用作日期表的表，接着使用该表的日期数据创建与日期相关的视觉对象、表、度量值等。指定自己的日期表时，可以控制在模型中创建的日期层次结构，并在日期表的其他操作中使用它们。

1. 创建日期表

创建日期表最简单的方法是，将一张包含连续日期的 Excel 日期表加载到数据模型中。

本节案例文件中已经设计好了日期表，第一列的日期包括从 2018-1-1 到 2020-12-31 三年完整的日期。这些日期涵盖了“销售记录”表中所有订单日期。

表中第二列是每个日期所对应的年份，见图 3-19。

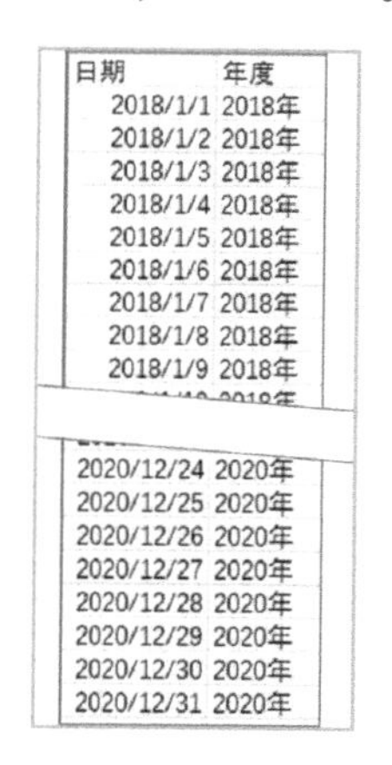

日期	年度
2018/1/1	2018年
2018/1/2	2018年
2018/1/3	2018年
2018/1/4	2018年
2018/1/5	2018年
2018/1/6	2018年
2018/1/7	2018年
2018/1/8	2018年
2018/1/9	2018年
2020/12/24	2020年
2020/12/25	2020年
2020/12/26	2020年
2020/12/27	2020年
2020/12/28	2020年
2020/12/29	2020年
2020/12/30	2020年
2020/12/31	2020年

图 3-19　创建日期表

在后面的内容中，我们还会介绍使用 DAX 函数创建表的方法生成日期表。

2. 日期表加载到数据模型

在将数据加载到模型的过程中，Power Query 会自动完成格式的转换，但是会造成日期层次结构数据的格式错误识别，因此要在 Power Query 编辑器中进行手动调整。

步骤 1：删除查询设置中更改的类型，见图 3-20。

图 3-20　删除查询设置中更改的类型

步骤 2：将日期字段选为日期类型，见图 3-21。

完成以上步骤，将数据加载到模型中。

3. 标记日期表

步骤 1：标记日期表。若要设置日期表，请在“字段”窗格中选择要用作日期表的表，然后使用鼠标右键单击该表，在出现的菜单中选择“标记为日期表”，如图 3-22所示。

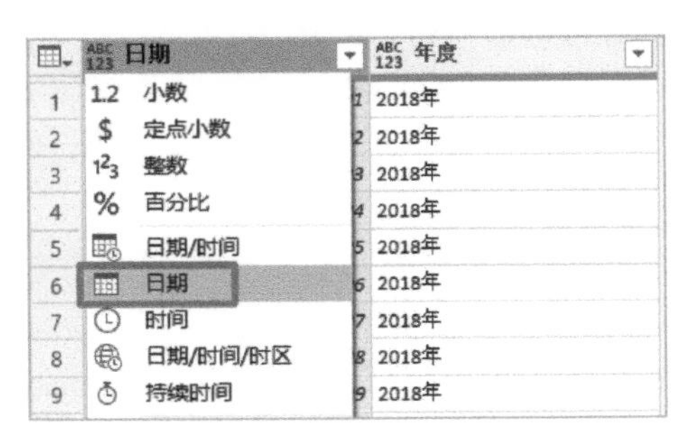

图 3-21　更改日期字段类型

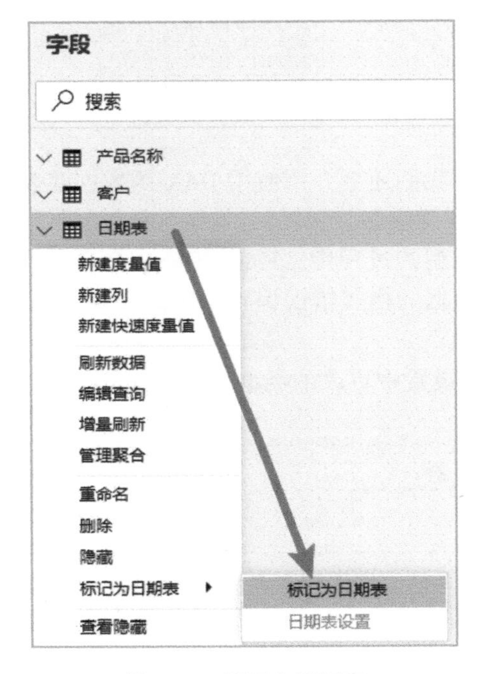

图 3-22　标记为日期表

步骤 2：指定日期列。指定日期表后，可以选择将该表中的某一列作为日期列。在选择“标记为日期表”后，会自动出现以下窗口，可以从窗口的下拉框中选择要用作日期表的列，见图 3-23。后期如果要进行修改，可以通过“标记为日期表”-“日期标设置”进行调整。

指定自己的日期表时，Power BI Desktop 会对该列及其数据执行以下验证，以确保数据具备以下特点：

- 包含唯一值。
- 不包含任何 null 值。

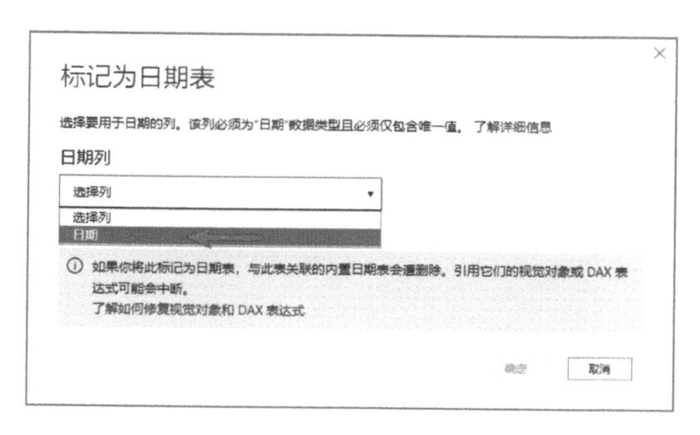

图 3-23　选择日期列

- 包含连续的日期值（从开头到末尾）。

3.3.2　利用计算列扩充表字段

如果日期表的字段内容不满足统计需求，还可以利用公式创建新列，对日期表进行扩展。

1. 添加日期层次结构

上一节我们导入了日期表，表中的数据只包括“日期”“年度”两列。下面通过计算列的方法完善日期层次结构。

- 添加日期所在月份。

步骤 1：将视图选择为“数据”。通过单击鼠标右键菜单或“表工具”选项卡，选择“新建列”，见图 3-24。

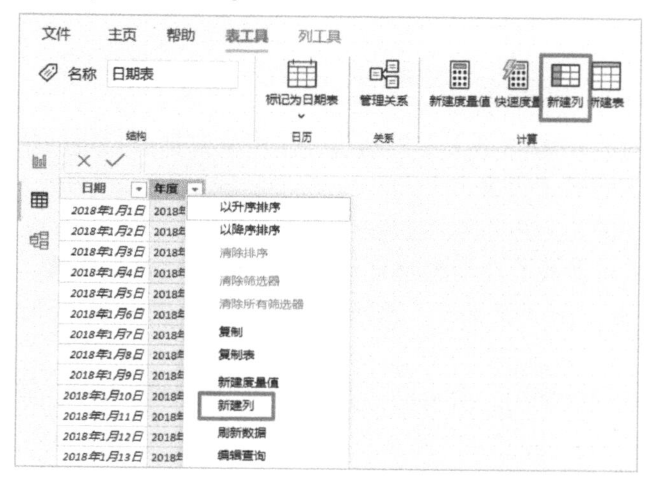

图 3-24　新建月份列

步骤 2：在公式编辑栏中输入公式：

月份 = MONTH([日期]) &"月"

操作完成后得到图 3-25 中的表格。

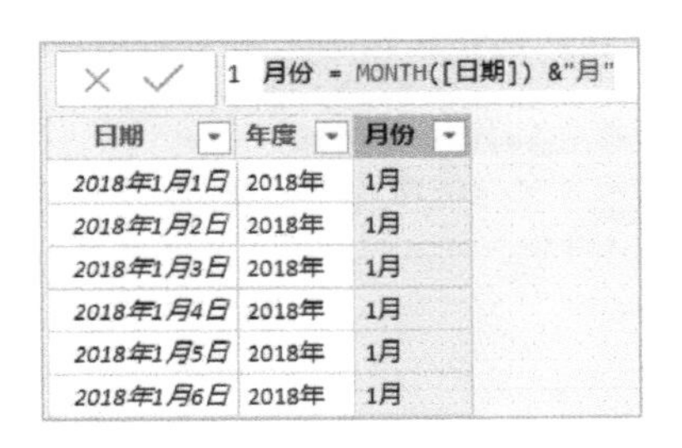

1 月份 = MONTH([日期]) &"月"

日期	年度	月份
2018年1月1日	2018年	1月
2018年1月2日	2018年	1月
2018年1月3日	2018年	1月
2018年1月4日	2018年	1月
2018年1月5日	2018年	1月
2018年1月6日	2018年	1月

图 3-25　新建月份列公式

这里使用的“MONTH”是日期类函数。利用“&”运算符可以连接一个后缀文本“月”。

- 添加季度列。

执行新建列操作，在图 3-26 的公式编辑栏中输入公式：

季度 = "第"&FORMAT([日期],"Q") &"季度"

1 季度 = "第"&FORMAT([日期],"Q") &"季度"

日期	年度	月份	季度
2018年1月1日	2018年	1月	第1季度
2018年1月2日	2018年	1月	第1季度
2018年1月3日	2018年	1月	第1季度
2018年1月4日	2018年	1月	第1季度
2018年1月5日	2018年	1月	第1季度
2018年1月6日	2018年	1月	第1季度
2018年1月7日	2018年	1月	第1季度

图 3-26　添加季度列公式

这里用到的 FORMAT 是文本类函数，作用是根据所指定的格式将值转换为文本，支持丰富的格式参数。

2. 应用自动日期/时间层次结构

Power BI 中还提供了自动创建日历层次结构（年份、季度、月份和日）功能——时间智能。在“文件”-“选项”中默认提供了两处时间智能设置，见图 3-27。

将数据加载到模型中，会自动检查各个表中的日期字段，需要符合下面的条件：

- 表存储模式为“导入”。
- 列数据类型为“日期”或“日期/时间”。

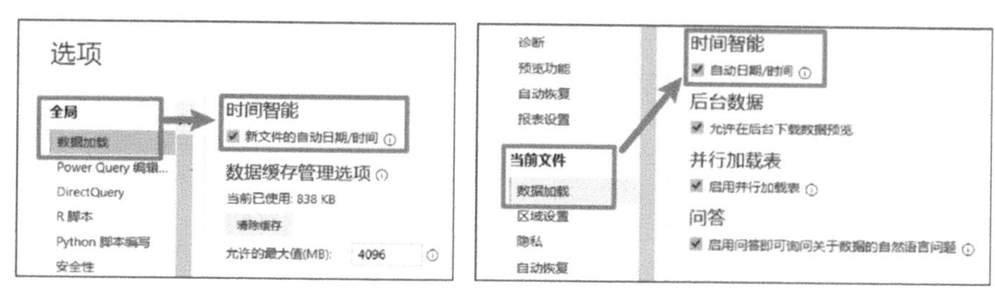

图 3-27　自动创建日历层次结构设置方法

- 列不是模型关系中的“多”方。

时间智能功能将会创建在表中隐藏的日期层次结构列，但是这些列会在字段列表中看到，为视觉对象报表提供年、季度、月份和日级别的向下钻取路径，见图 3-28。

图 3-28　日期钻取

“自动日期/时间”表中包含模型日期列中存储的所有日期值的全部日期。如果日期列中最早的值是 2017 年 3 月 20 日，最新值是 2020 年 10 月 23 日，则表将包含 1461 行（2017 年 1 月 1 日—2020 年 12 月 31 日）。2017 到 2020 这四个日历年的每个日期对应一行。当 Power BI 刷新模型时，也会刷新每个自动日期/时间表。

3.3.3　建立日期维度关系模型

日期表建立后，需要和事实表或维度表建立关联，才能充分发挥日期表的时间序列功能，方便将数据模型按时间维度统计分析。

1. 为“销售任务目标”表添加日期列

步骤 1： 加载销售目标数据。

将案例“3.1 数据建模 . xlsx”中的“2019 年销售任务目标”工作表加载到数据模型。这个表目前具备“年度”“月份”“目标”字段，加载的数据见图 3-29。

	年度	月份	目标
1	2019年	1月	3021000
2	2019年	2月	2701000
3	2019年	3月	2366000
4	2019年	4月	2214000
5	2019年	5月	2693000
6	2019年	6月	2676000
7	2019年	7月	3110000
8	2019年	8月	2722000
9	2019年	9月	2634000

属性
名称
销售目标
所有属性
应用的步骤
源
导航
提升的标题

图 3-29　加载数据表

使用 Power Query 中的提取月份数字。按照“转换”-“文本列”-“提取”-“分隔符之间的文本”顺序操作，在对话框中的“分隔符”中输入“空格”，提取出月份中的数字，完成后加载到数据模型，见图 3-30。

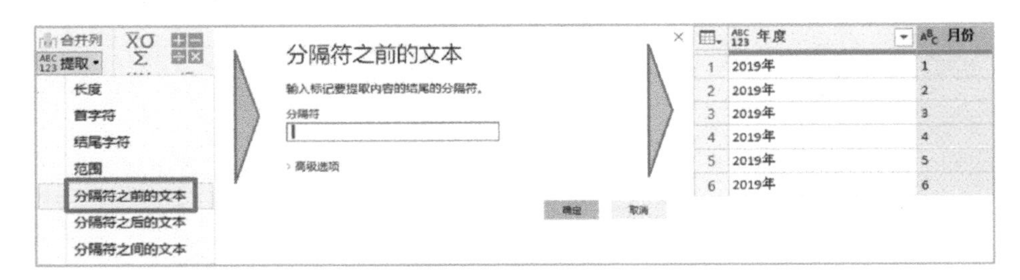

图 3-30　提取月份中的数字

步骤 2：新建日期列。

在业务分析方面，希望将“销售目标”与“销售数据”从统一的“日期”维度进行对比，也就是用日期表作为筛选器，将筛选条件传播到“销售信息”“销售目标”表。

日期表与目标表建立连接，需要在日期表中新建一个“日期”列（日期类型）。以每月 1 日作为当月的代表，可以使用 Date 函数，例如 2019 年 1 月，公式是：

日期 = DATE(left([年度],4),[月份],1)

完成后的结果见图 3-31。

2. 建立日期维度与事实表关系

准备好日期表、销售目标、销售订单三个表中的字段后，就可以从日期表中与这两个表建立关系了。最初的关系见图 3-32。

因为在销售目标表的“日期”列中的值都是唯一的，所以模型设计器自动识别为“1 对 1”关系。在实际工作中，对每月销售目标还会细化到销售人员或

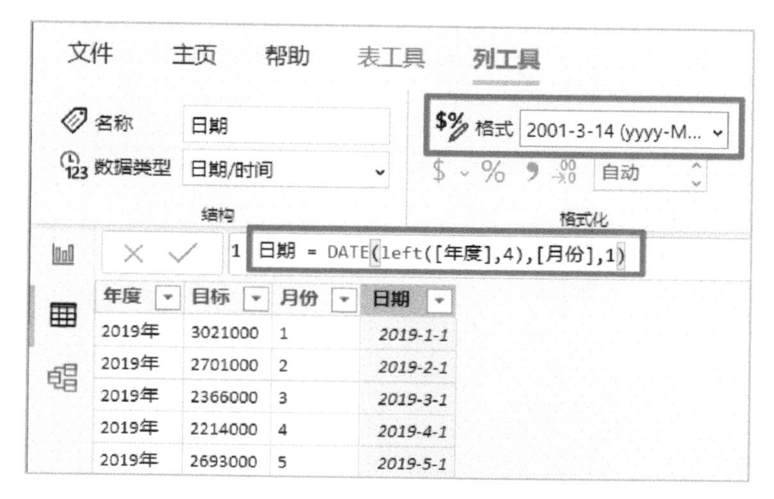

图 3-31　设置每月 1 日公式

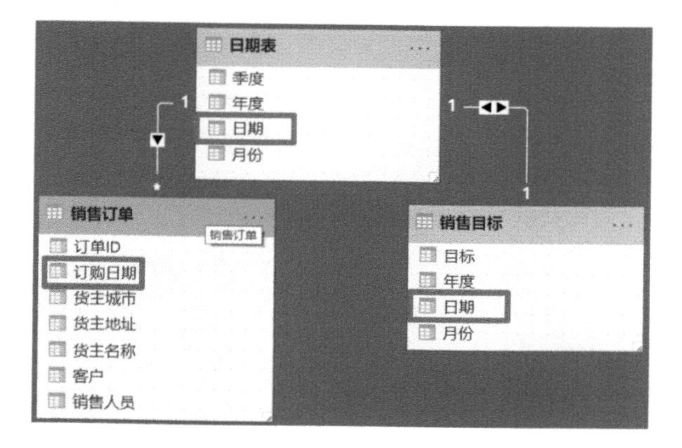

图 3-32　建立日期维度与事实表关系 1

产品类别，见图 3-33。这样“日期”列就会出现重复值。

年度	产品类别	月份	目标	日期
2019年	手机	1 月	133000	2019/1/1
2019年	智能电视	1 月	461000	2019/1/1
2019年	笔记本平板	1 月	129000	2019/1/1
2019年	手机	2 月	372000	2019/2/1
2019年	智能电视	2 月	702000	2019/2/1
2019年	笔记本平板	2 月	145500	2019/2/1

年度	销售人员	月份	目标	日期
2019年	张颖	1 月	13000	2019/1/1
2019年	王伟	1 月	46000	2019/1/1
2019年	李芳	1 月	12000	2019/1/1
2019年	张颖	2 月	37000	2019/2/1
2019年	王伟	2 月	72000	2019/2/1
2019年	李芳	2 月	14000	2019/2/1

图 3-33　日期列重复示意

现在我们就提前更改一下关系类型。这里请注意，“编辑关系”对话框上面的表如果是“销售目标”，在“基数”中就选择“多对一”，反之选择“一对多”。“交叉筛选器方向”选择“单一”。

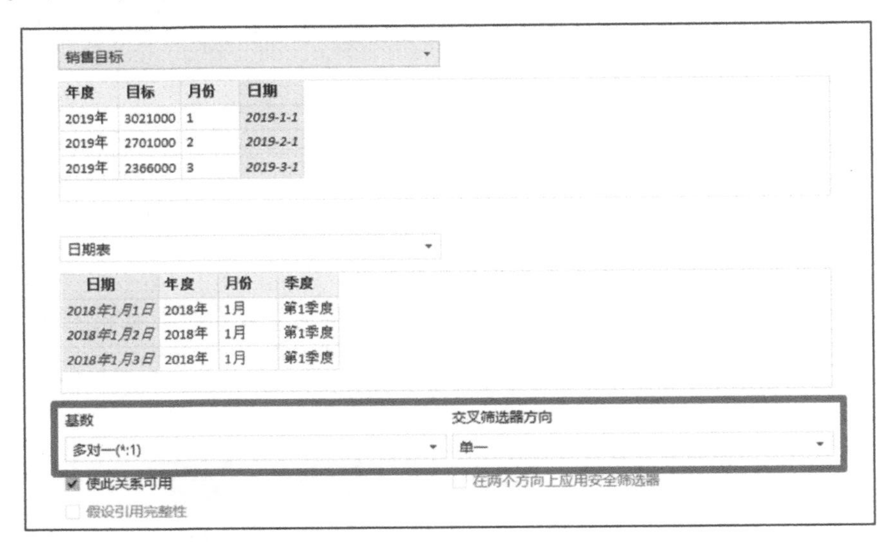

图 3-34　更改表关系

完成设置后，三张表的关系视图如图 3-35 所示。

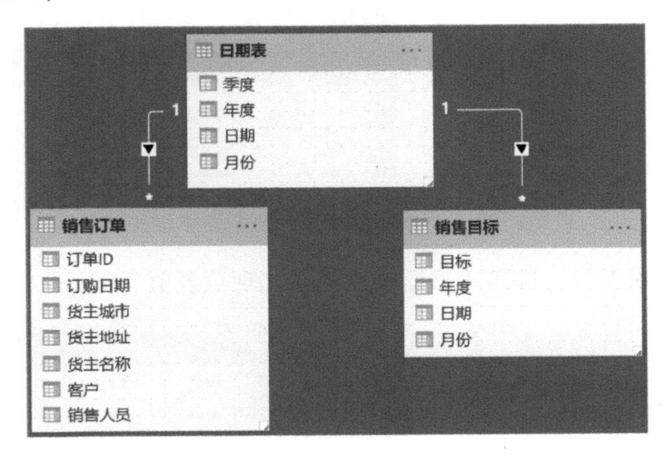

图 3-35　建立日期维度与事实表关系 2

3. 隐藏模型中的辅助字段

前面为了建立关系，在销售目标表中建立了“日期”字段。为了防止用户在使用数据模型时，错误地选用了日期信息，可以在报表视图字段列表窗格中将它隐藏，见图 3-36。

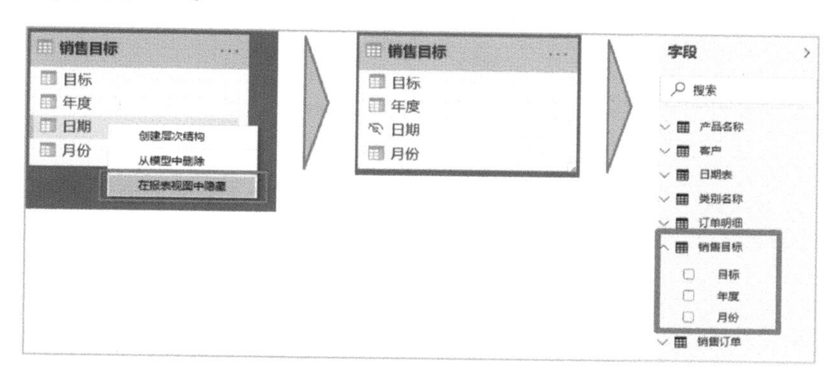

图 3-36　设置字段隐藏

隐藏字段仅作用于“报表”视图，在“数据”“模型”视图中还可以看到被隐藏的字段，以便于后期维护调整。

3.3.4　按月排序设置

在实际操作中，经常会出现月份排序时的混乱情况，没有按照 1 月 – 12 月的顺序进行排列。在之前完成的数据模型中，日期表将作为数据分析的重要角度，我们经常把年、季度、月设置到统计表的表头中、图表的坐标轴上。

下面在报表中，利用可视化对象呈现一下日期表中的信息。

步骤 1：选择“可视化”窗格的“矩阵”图表，见图 3-37。

图 3-37　选择“矩阵”图表

步骤 2：将设计“矩阵”图表的字段，见图 3-38。

“月份”出现在左表头，“订单 ID”按计数方式，自动生成了聚合计算度量值。但是左表头的月份排序是错误的，见图 3-39。因为“月份”字段保存的是 1 月、2 月、3 月……文本类型数据。

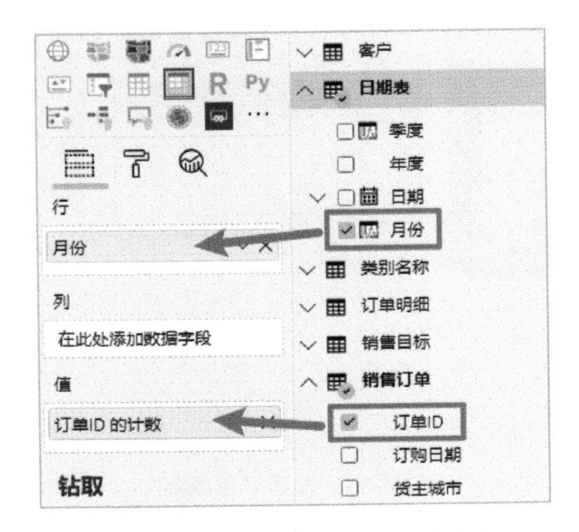

图 3-38　设置“矩阵”图表的字段

月份	订单ID 的计数
10月	64
11月	59
12月	79
1月	121
2月	112
3月	133
4月	136
5月	64
6月	60
7月	55
8月	58
9月	60
总计	**1001**

月份	订单ID 的计数
9月	60
8月	58
7月	55
6月	60
5月	64
4月	136
3月	133
2月	112
1月	121
12月	79
11月	59
10月	64
总计	**1001**

图 3-39　按月份的错误排序显示

这个问题解决的方法有两个。

方法 1：修改月份列计算公式，将月份数字显示两位，不足两位用“0”定位，见图 3-40。

```
1 月份 = FORMAT(MONTH([日期]),"00") &"月"
```

日期	年度	月份	季度
2018年1月1日	2018年	01月	第1季度
2018年1月2日	2018年	01月	第1季度
2018年1月3日	2018年	01月	第1季度
2018年1月4日	2018年	01月	第1季度
2018年1月5日	2018年	01月	第1季度
2018年1月6日	2018年	01月	第1季度
2018年1月7日	2018年	01月	第1季度

月份	订单ID 的计数
01月	121
02月	112
03月	133
04月	136
05月	64
06月	60
07月	55
08月	58
09月	60
10月	64
11月	59
12月	79
总计	1001

图 3-40　修改月份列公式

在数据视图中选择日期表，修改计算列的公式：

月份 = FORMAT(MONTH([日期]),"00")&"月"

方法2：应用按列排序功能。这项功能可以指定表中某列的排序参照信息。

步骤1：创建计算列，生成月份数字字段（纯数字，没有“月”后缀文字）公式：排序月 = MONTH（[日期]）

步骤2：选择要排序的“月份”字段，应用“列工具”选项卡，选择“按列排序”-“排序月”。完成后查看报表，月份排序已经得到调整，见图3-41。

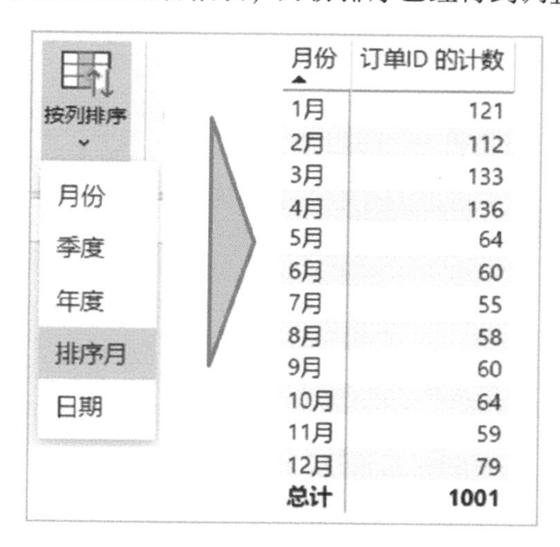

图3-41　按指定列排序

3.4　度量值计算

在Power BI中，度量值是在分析查询时执行的数据计算。度量值在用户与报表交互时对数据执行计算，并且不会存储在数据库中。

图3-42的Power BI可视化图表示例，呈现了按产品类别进行的销售金额对比。图中包括了如下内容：

- **度量值**：自定义计算的度量值，汇总了销售金额数据，并且可以根据上下文的维度字段，进行筛选和分解。
- **维度1、2**：可视化图表——筛选器。
- **维度3**：图表坐标轴，分解度量值统计结果。

在更换图中维度字段，或单击筛选器中的选项时，就是调整了上下文条件，使用度量值的条形图表都会发生更新。

图3-43中更改了筛选器选项，条形图就发生了更新。

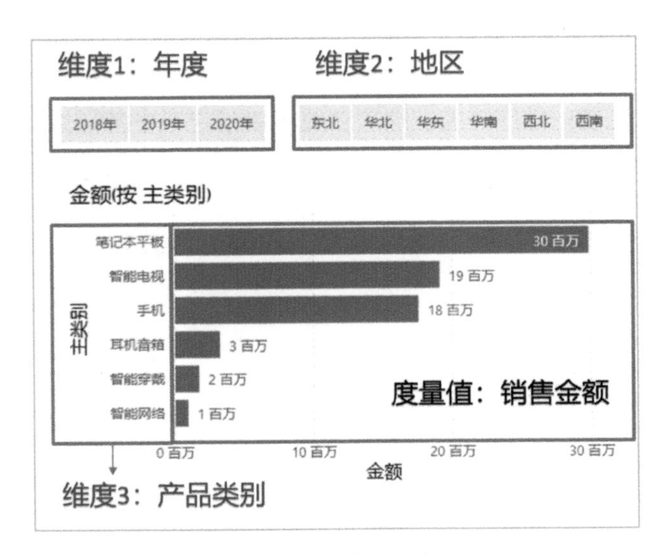

图 3-42　度量值示意 1

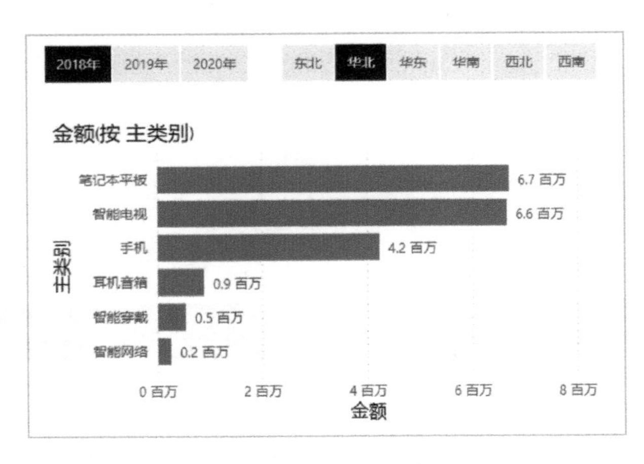

图 3-43　度量值示意 2

度量值用于一些最常见的数据分析。简单汇总（如总和、平均值、最小值、最大值和计数）可以通过“字段”框进行设置。只通过点击几次鼠标，便可深入了解数据。但有时候，这些数据并不包含解决某些重要问题所需的所有内容，这就需要用户 DAX 表达式自己创建度量值，自己创建的度量值将显示在带有计算器图标▦的“字段”列表中。

3.4.1　度量值分类

在 Power BI 中有两种度量值：自动度量值和 DAX 表达式度量值。

1. 自动度量值

Power BI 可以按下面的步骤创建“自动度量值”。

步骤 1：在“订单明细”中创建计算列，见图 3-44，列公式为：

$$金额 = [数量] \times [单价] \times (1 - [折扣])$$

1 金额 = [数量]×[单价]×(1-[折扣])

订单ID	产品ID	数量	折扣	单价	金额
10064	56	20	0	229	4580
10080	42	20	0	59	1180
10102	40	20	0	399	7980
10118	41	20	0	199	3980

图 3-44　创建列公式

步骤 2：回到“报表”视图，在“字段”窗格中，展开“销售订单”表。然后选择“金额”字段旁的复选框，或将“金额”拖到报表画布上。随即将出现新柱形图表可视化效果，显示“销售订单”表“金额”字段所有值的汇总，见图 3-45。

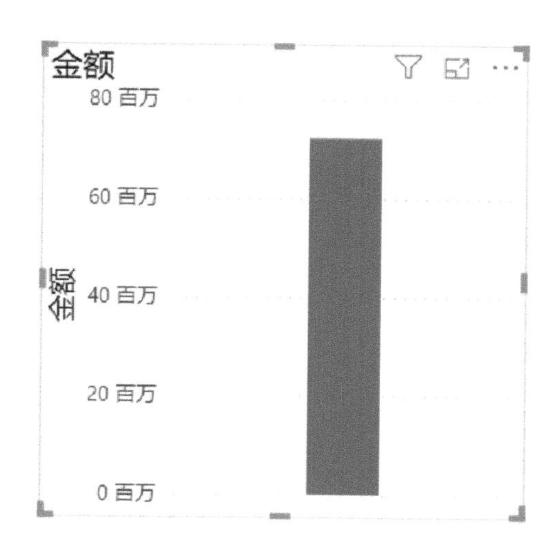

图 3-45　图表显示列数据汇总

“字段”窗格中带 Σ 图标的字段均为数值，当 Power BI 检测到数值数据类型时，它不会显示包含很多值的原始数据表，而是自动创建和计算度量值来聚合数据。求和是数字类型数据的默认聚合方式，相当于 SUM 函数的作用。自动度量值可以轻松应用不同类型的聚合方式，如平均值（AVERAGE）、计数（COUNT）、最大值（MAX）、最小值（MIN）。理解聚合是了解度量值的基础，因为每个度量值都将执行某种类型的聚合操作。

步骤 3：更改度量值聚合方式。

选择报表中刚刚创建的可视化图表。在“可视化”窗格的“值”区域中，选择“金额”右侧的向下箭头，在出现的菜单中选择“平均值”，可视化图表将更改为所有金额的平均值，见图 3-46。

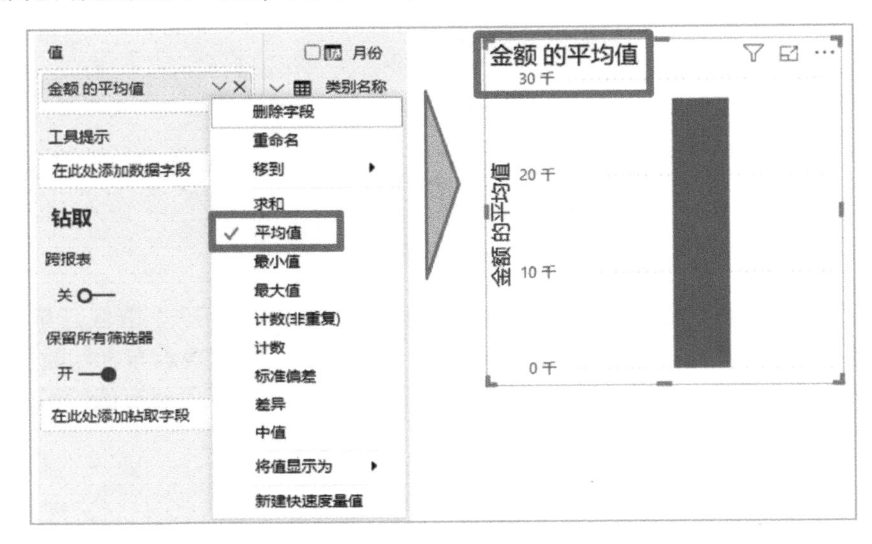

图 3-46　更改度量值聚合方式

2. DAX 表达式度量值

推荐数据分析人员使用这种方式，使用 DAX 自定义计算的度量值，用于完成复杂的分析计算。

自定义度量值的优点包括：

- 对其任意命名，使它们更容易识别。
- 用作其他 DAX 表达式中的参数。
- 快速执行复杂的计算。
- 在另一个度量值中使用度量值。

创建自定义度量值请参考图 3-47 的步骤示意。

步骤 1：在“主页”选项卡，或者“字段”列表中某一个表的右键菜单中找到“新建度量值”。

步骤 2：在公式编辑栏中输入 DAX 表达式。在函数参数引用表字段时，请输入完整的‘表’［字段］名称格式。

自定义度量值是虚拟字段，在表的各个列中是看不到的，可以在字段列表中找到它，以▦图标显示。选中就可以查看和编辑公式编辑栏中的 DAX 表达式。

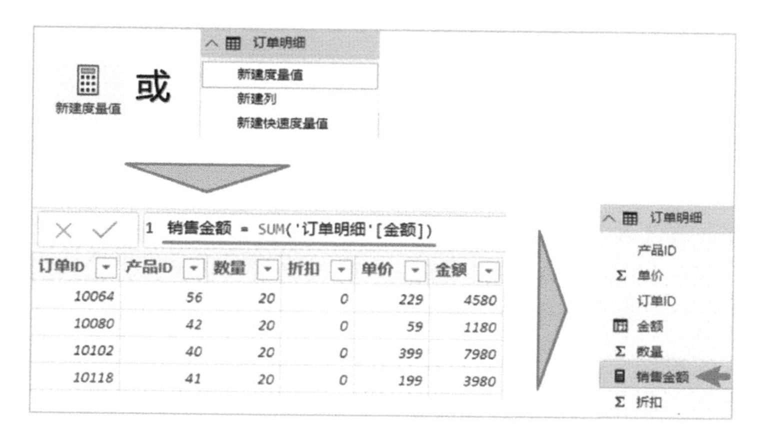

订单ID	产品ID	数量	折扣	单价	金额
10064	56	20	0	229	4580
10080	42	20	0	59	1180
10102	40	20	0	399	7980
10118	41	20	0	199	3980

图 3-47　新建度量值

自定义的度量值可以被直接引用到其他度量值中，这样可以减少公式的复杂程度。

例如目前已有两个自定义度量值：“销售金额”和“订单数量”。如果要计算第三个度量值“平均订单金额”，就可以直接使用已有度量值完成计算，不需要指定度量值所在表的名称，公式如下：

平均订单金额 =[销售金额]/[订单数量]

操作过程见图 3-48，可以通过输入中括号“[”，智能感知方法引用已经准备好的度量值。

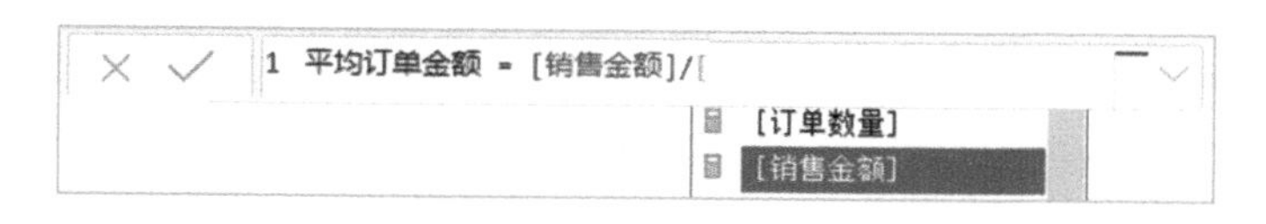

图 3-48　DAX 公式智能感知示意

基于这一特点，建议从最基本的度量值开始就用 DAX 公式方式创建度量值。

3.4.2　组织度量值

度量值不是固定隶属于某个表的，可以任意设置它们的位置。下面介绍两种集中管理度量值的方法。

1. 字段显示文件夹

在“模型”视图下，选择字段列表中的“订单明细”表度量值，在“属性”窗口中的“显示文件夹”中输入文件夹名称，见图 3-49。

图 3-49　字段显示文件夹

2. 应用度量值表

步骤 1：在"主页"选项卡中选择"输入数据"，在对话框中对度量值表命名，然后单击"加载"按钮，见图 3-50。

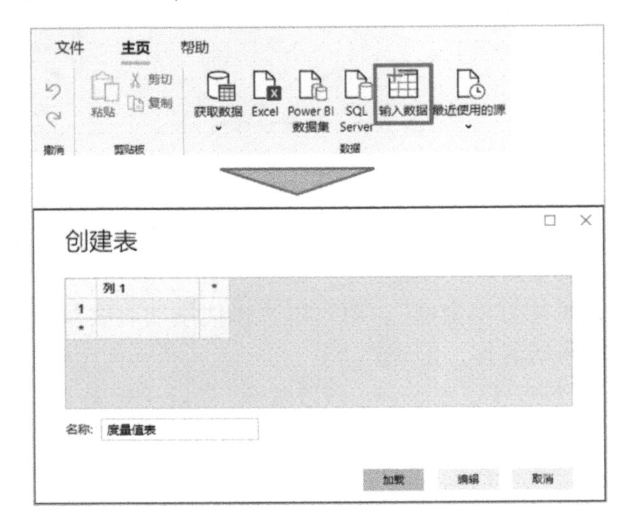

图 3-50　创建度量值表

步骤 2：选择"订单明细"表中的"销售金额"度量值，在"度量工具"选项卡中选择"主表"为刚刚创建的"度量值表"。度量值放置的位置发生了调整，见图 3-51。

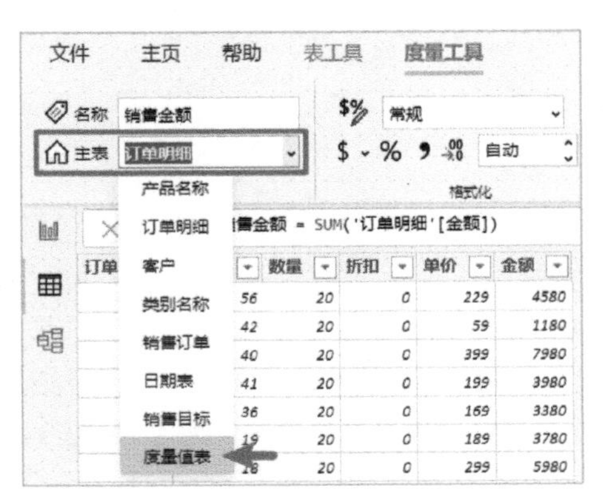

图 3-51　设置主表

步骤 3：删除“度量值表”中的空列“列 1”，见图 3-52。

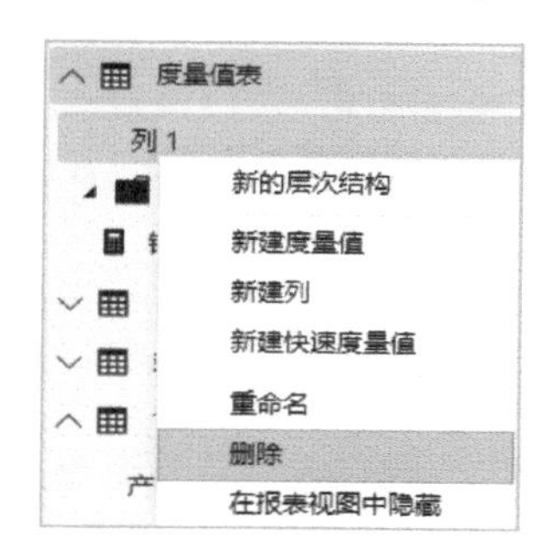

图 3-52　删除空列

步骤 4：将字段列表折叠后再展开。度量值表的图标发生了变化，并且位置也排在了字段列表的最顶端，见图 3-53。

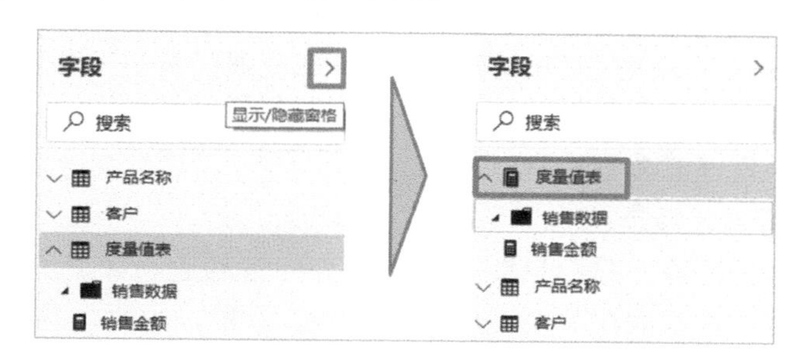

图 3-53　度量值表显示变化

后面还会创建很多度量值，将这些度量值在专用的表中进行保存，用户就可以更高效地找到需要的度量值了。

3.4.3　销售数据汇总

本节将继续完成数据模型中的度量值设计。下面将完成订单数量统计、平均订单金额。

1. 订单数量

在本书的案例中提供了“销售记录”“订单明细”表。这两个表的关系结构见图 3-54，它们中都有“订单 ID”，其中“销售记录”表中的 ID 是主关键字段没有重复，“订单明细”中的 ID 会出现重复，因为每个订单中可能包括一种或多种产品，所以一个订单 ID 有可能出现多行。如果要统计订单数量，则会用到 COUNT（计数）、DISTINCTCOUNT（去重复计数）函数。

- 基于“销售记录”表创建订单数量度量值。

订单数量 = COUNT（'销售记录'［订单 ID］）

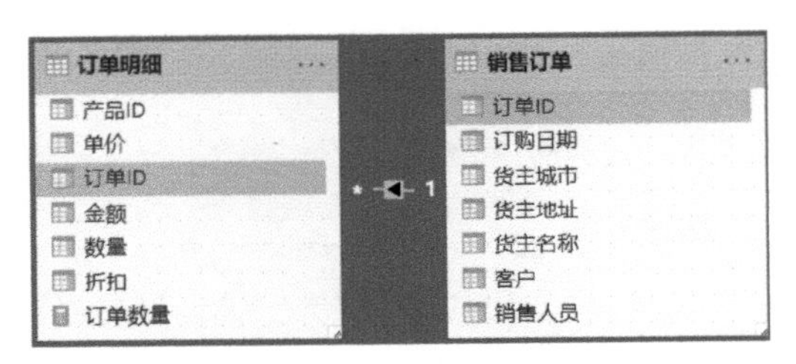

图 3-54　订单表与明细表的关系

COUNT 函数作用是对数字类型对象进行计数统计。

- 基于“订单明细”表创建订单数量度量值。

订单数量 = DISTINCTCOUNT ('订单明细' [订单 ID])

DISTINCTCOUNT 函数作用是对非重复数目进行计数。

2. 平均订单金额

平均值要使用“除法”运算，通常我们用的是运算符“/”。这里介绍 DAX 特有的“安全除法”函数——DIVIDE。当运算数据的分母为 0 或空的情况下，它的运算不会返回错误结果，这样有利于可视化图表的展示。

平均订单金额 = DIVIDE([销售金额],[订单数量])

3. 度量值可视化展示

度量值是虚拟字段，我们只能在字段列表中看到它。如果要看到度量值所对应的数值，需要在报表中以可视化对象（或 图表）呈现。这里先用“多行卡”图表简单展现刚刚创建的度量值，本书第 4 章会为大家介绍更多可视化对象的应用。

在“可视化”窗格中选择“多行卡”可视化对象（图表），然后将“销售金额”“订单数量”“平均订单金额”三个度量值勾选，或拖曳到“可视化”窗格的“字段”中。图 3-55 看到的是没有设置上下文筛选器的度量值结果。

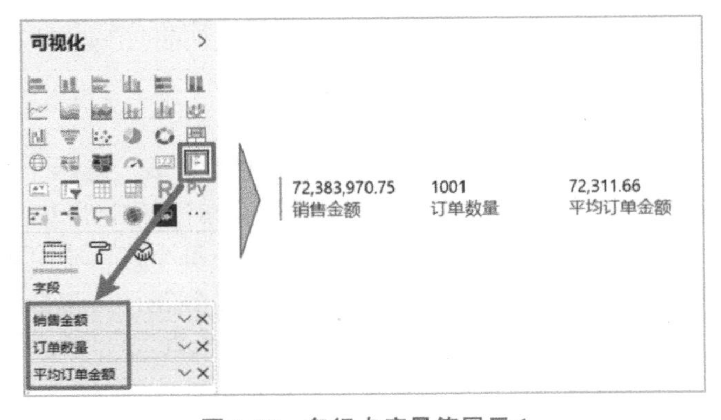

图 3-55　多行卡度量值展示 1

3.4.4　任务完成率分析

在这个案例中，提供了“销售目标”表，其中包含 2019 年、2020 年每个月的销售额目标。下面用度量值计算 2019 年任务完成率。

1. 创建“2019 年任务金额”度量值

步骤 1：创建“任务金额”度量值

任务金额 = SUM ('销售目标' [目标])

步骤 2：创建“2019 年任务金额”度量值

2019 年任务金额 = CALCULATE ([任务金额], '日期表' [年度] = "2019 年")

这里的 CALCULATE 是筛选器函数，它的参数中包括指定的筛选条件，而且这个条件优先级要高于报表上下文筛选器。也就是说，如果报表中筛选器条件是“2018 年”，对用了 CALCULATE 的度量值是不会起作用的。

2. 创建“2019 年任务完成率”度量值

步骤 1：创建“2019 年销售金额”度量值。

2019 年销售金额 = CALCULATE ([销售金额], '日期表' [年度] = "2019 年")

步骤 2：创建“2019 年任务完成率”度量值。

2019 年任务完成率 = DIVIDE ([2019 年销售金额], [2019 年任务金额])

设置度量值数字格式为“%”，见图 3-56。

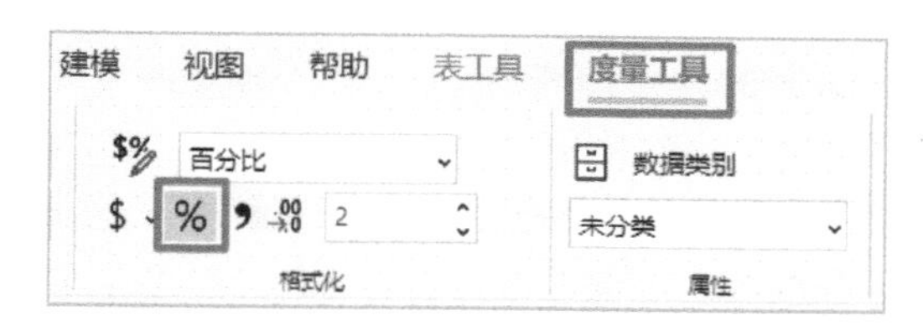

图 3-56　设置度量值数字格式

完成以上度量值创建后，再用一组“多行卡”可视化对象显示度量值结果，见图 3-57。

34,035,145.00	35269000	96.50%
2019年销售金额	2019年任务金额	2019年任务完成率

图 3-57　多行卡度量值展示 2

在当前的报表上仍然没有设置筛选器，没有上下文条件影响度量值计算，但是这一组结果更有针对性，意义更明确。

3.4.5 两年同比分析

同比分析（YOY）是业绩分析中常见的项目。计算逻辑是：（当年数据 - 上年数据）/上年数据。下面计算一下 2019 年与 2018 年销售额同比分析。

步骤 1：创建“2018 年销售金额”度量值。

2018 年销售金额 = CALCULATE（［销售金额］，'日期表'［年度］ = "2018 年"）

步骤 2：创建“2019 年同比增长率”度量值。

2019 年同比增长率 = DIVIDE（（［2019 年销售金额］ - ［2018 年销售金额］），［2018 年销售金额］）

完成以上度量值创建后，用一组“多行卡”可视化对象显示度量值结果，见图 3-58。

19,213,211.15	34,035,145.00	77.14%
2018年销售金额	2019年销售金额	2019年同比增长率

图 3-58 多行卡度量值展示 3

3.4.6 时间智能函数

前面计算的年增长率度量值，使用了筛选器函数分别统计了 2018 年、2019 年销售金额。在较长的时间周期中，与特定时间段的对比分析会非常多，如果要将日历中各个时间周期的度量值都创建出来，会使计算工作非常繁重，也不够灵活。

这类问题可以使用 DAX 中的时间智能函数来解决。这类函数能够使用日历结构（包括日、月、季度和年）对数据进行操作，然后生成并比较对这些时间段的计算，从而支持商业智能分析的需求。

时间智能函数主要针对企业中常见的日期维度分析指标，先来了解一下几个常见名词，见表 3-3。

表 3-3 按时间统计常用词

缩 写	意 义
YTD	年初至今的累计（年累计）
QTD	季度初至今的累计（季度累计）
MTD	月初至今的累计（月累计）
YOY	与去年同期变动的百分比（同比）
MOM	与上月变动的百分比（环比）

时间智能函数目前包括 35 个，这里重点掌握 TOTALYTD（年累计）、DATEADD（同比、环比计算使用）。

1. 计算年度累计

步骤 1：创建年累计度量值。

年累计 YTD = TOTALYTD([销售金额],'日期表'[日期])

在时间智能函数中，要使用到前面标记的日期表和其中的日期主键字段。

步骤 2：将度量值应用可视化“表”对象。可以看到图 3-59 中的“年累计 YTD”列，以年为周期滚动累计，在新的年度又开始重新累计。

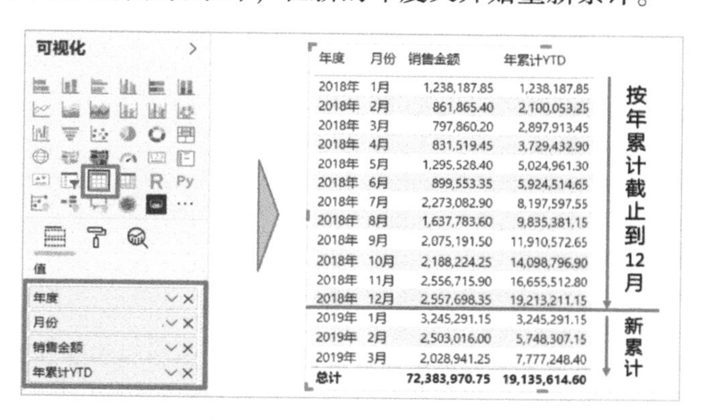

年度	月份	销售金额	年累计YTD
2018年	1月	1,238,187.85	1,238,187.85
2018年	2月	861,865.40	2,100,053.25
2018年	3月	797,860.20	2,897,913.45
2018年	4月	831,519.45	3,729,432.90
2018年	5月	1,295,528.40	5,024,961.30
2018年	6月	899,553.35	5,924,514.65
2018年	7月	2,273,082.90	8,197,597.55
2018年	8月	1,637,783.60	9,835,381.15
2018年	9月	2,075,191.50	11,910,572.65
2018年	10月	2,188,224.25	14,098,796.90
2018年	11月	2,556,715.90	16,655,512.80
2018年	12月	2,557,698.35	19,213,211.15
2019年	1月	3,245,291.15	3,245,291.15
2019年	2月	2,503,016.00	5,748,307.15
2019年	3月	2,028,941.25	7,777,248.40
总计		72,383,970.75	19,135,614.60

图 3-59　年累计 YTD 示意

2. 创建环比 MOM

步骤 1：创建“上月销售额”度量值。

上月销售额 = CALCULATE（[销售金额]，DATEADD（'日期表'[日期]，-1，MONTH))

上面的表达式中使用了 DATEADD 函数，它的作用是从当前上下文中的日期开始，按指定的间隔数向未来时间或者过去时间推移，见图 3-60。

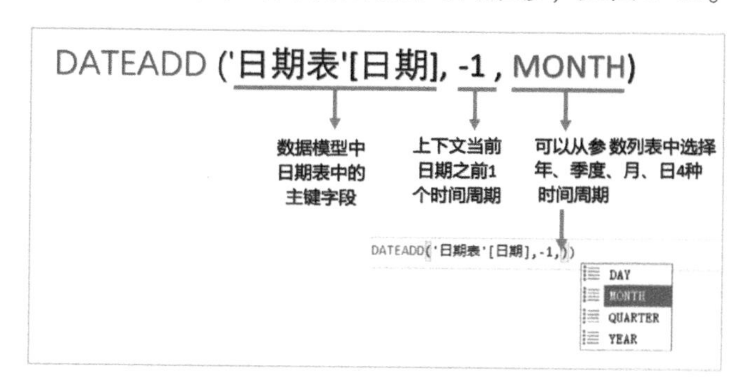

图 3-60　DATEADD 函数结构示意

步骤 2：创建“环比 MOM”度量值，设置度量值数字格式为“%”。

环比 MOM = DIVIDE（([销售金额] - [上月销售额])，[上月销售额])

这两个表达式要重点理解“当前上下文中的日期”，如果脱离上下文日期维度，理解起来会有难度。下面将度量值放到可视化表对象中呈现对比的结果。

当前上下文中的日期维度 →

年度	月份	销售金额	上月销售额	环比MOM
2018年	1月	1,238,187.85		
2018年	2月	861,865.40	1,238,187.85	-30.39%
2018年	3月	797,860.20	861,865.40	-7.43%
2018年	4月	831,519.45	797,860.20	4.22%
2018年	5月	1,295,528.40	831,519.45	55.80%
2018年	6月	899,553.35	1,295,528.40	-30.56%
2018年	7月	2,273,082.90	899,553.35	152.69%
2018年	8月	1,637,783.60	2,273,082.90	-27.95%
2018年	9月	2,075,191.50	1,637,783.60	26.71%
2018年	10月	2,188,224.25	2,075,191.50	5.45%
2018年	11月	2,556,715.90	2,188,224.25	16.84%
2018年	12月	2,557,698.35	2,556,715.90	0.04%

图 3-61　环比数据计算

以上两个案例是日常数据分析中的常见需求，通过使用时间智能函数，可以非常轻松地完成分析计算。

在前面的度量值计算中，我们收获了一系列度量值对象。建议大家将这些度量值统一分类管理，以便在后期的可视化设计案例中方便调用。图 3-62 是当前数据模型中所有的度量值字段列表。

图 3-62　度量值字段列表

3.4.7　度量值编辑优化

作为数据分析建模人员，编写和调试复杂 DAX 计算可能会很困难。复杂计算的要求通常包括编写复合表达式或复杂表达式。复合表达式可能涉及使用多种嵌套函数，并且可能会重用表达式逻辑，可以对度量值公式进行优化。

1. 在 DAX 表达式中换行

如果在输入公式时空间不足，或者希望将公式放在单独的行上，请选择公式栏右侧的向下箭头以展开更多空间。向下箭头会变为向上箭头，并显示大框，见图 3-63。

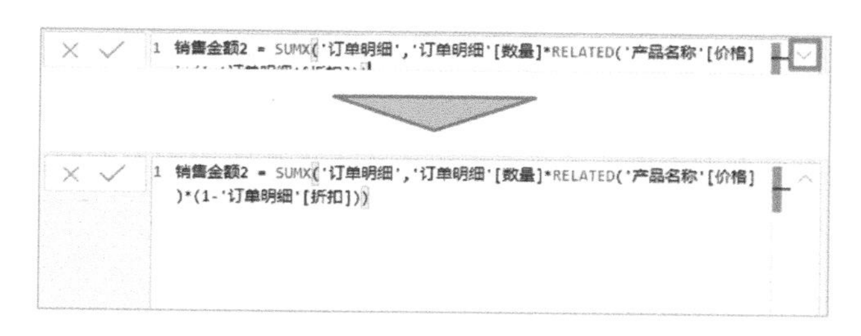

图 3-63　DAX 表达式展开显示

通过按〈Alt + Enter〉快捷键换行，然后按〈Tab〉键添加制表符间距，分隔公式的各个部分见图 3-64。

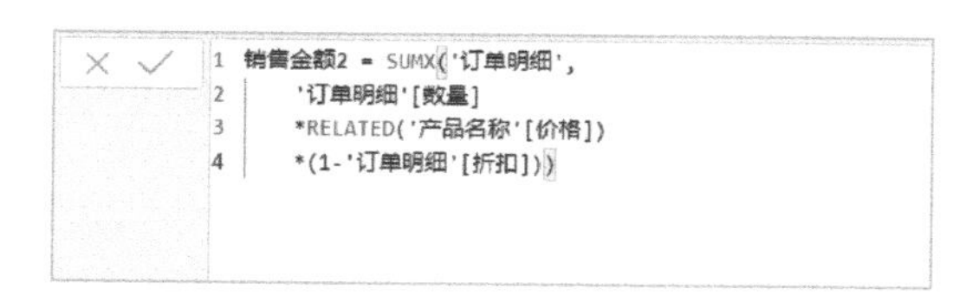

图 3-64　在 DAX 表达式中换行

2. 使用变量改进公式

在 DAX 公式中使用变量有助于编写复杂而高效的计算。变量可以帮助提高性能、提高可读性、简化调试和降低复杂性。

下面看一下计算“销售金额 YOY”度量值的公式，YOY 销售增长公式为：

（当年销售额 – 去年同期销售额）/去年同期销售额。

其中使用到了 DIVIDE、CALCULATE、DATEADD 几个函数嵌套方式，该公式得到了正确结果，下面看看图 3-65 如何利用变量进行改进。

注意：

公式中的变量出现了一些特殊的语法对象，比如定义变量 VAR 和变量输出 RETURN。变量名称必须使用英文单词。

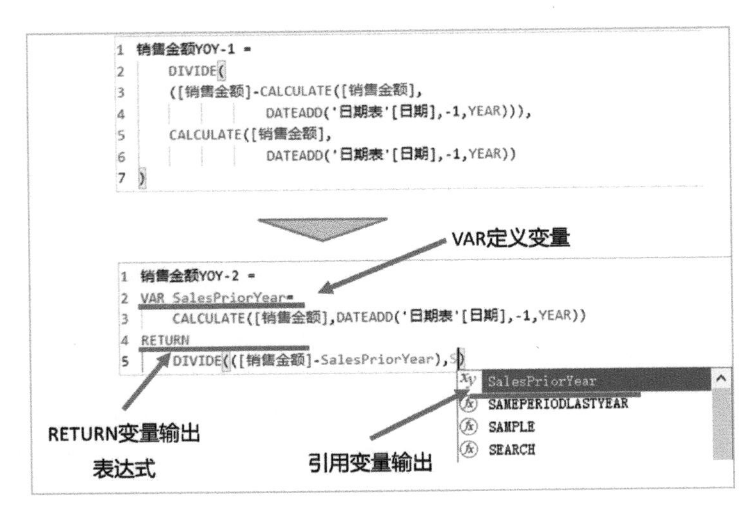

图 3-65　用 VAR 变量改进 DAX 表达式

在 DAX 公式中使用变量具有四种优势。

- **提高性能。**

调整前的公式重复了计算“去年同期”的表达式。此公式效率很低，因为它要求 Power BI 计算两次相同的表达式。使用变量可以更高效地进行度量定义。

下面的度量值定义表示一项改进。它使用表达式将“去年同期”结果分配给名为 Sales Prior Year 的变量。然后在 RETURN 表达式中使用该变量两次。该度量值将继续生成正确的结果，并在大约一半的查询时间内完成此操作。

- **提高可读性。**

在前面的度量值定义中，请注意变量名称的选择如何使 RETURN 表达式更易于理解。该表达式简短而具有自述性。

- **简化调试。**

以下度量值定义仅返回 SalesPriorYear 变量。请注意它用“--”符号注释掉原来 RETURN 表达式中的公式：

DIVIDE(([Sales]-SalesPriorYear),SalesPriorYear)

通过此方法，可以在调试完成后将其轻松还原。

```
Sales YoY Growth % =
VAR SalesPriorYear =
    CALCULATE([Sales],PARALLELPERIOD('Date'[Date],-12,MONTH))
RETURN
--DIVIDE(([Sales]-SalesPriorYear),SalesPriorYear)
    SalesPriorYear
```

- **降低复杂性。**

在一些复杂的 DAX 表达式中会用到 EARLIER 或 EARLIEST DAX 函数，用户会发现这些功能难以理解和使用。可以用变量替代这些行上下文函数的使用，降低表达式的复杂性。行上下文函数就是公式会按照每行当前的环境进行计算。

3. 使用快速度量值

可使用快速度量值快速、轻松地执行常见的高效计算。快速度量值在后台运行一组数据分析表达式（DAX）命令，然后显示结果以供用户在报表中使用。无须手工编写 DAX，系统会根据快速度量值对话框中提示输入的参数，自动完成此操作。计算分为许多类别，可通过多种方式来根据自己的需求修改所有计算。也许最重要的是，可以查看快速度量值执行的 DAX，从而开始学习或拓展自己的 DAX 知识。

可以通过功能区的“主页”“建模”选项卡，或者字段列表上的右键菜单找到“快速度量值”，见图 3-66。

图 3-66　使用快速度量值

3.5　新建计算表

大多数情况下，在 Power BI 中进行分析的各种数据表都是从外部的各种数据源导入进来的。在某些情况下，在 Power BI 中也可以根据需要直接建立各种表格，也就是“新建计算表”。

3.5.1　计算表介绍

在进行数据分析的过程中，如果需要加入新的数据表或者新的维度，而并不想再导入源数据或者回到 PQ 编辑器进行处理，就可以利用已加载到模型中的数据构建新表，这就需要借助“新建表”功能。

1. 计算表应用特点

可以创建定义表值的数据分析表达式（DAX）公式，而非从数据源中查询值，并将值加载到新表的列中。

计算表的主要用途和使用场景包括：

- 合并数据表。

- 交叉联结。
- 提取维度表。
- 生成日期表。

与其他 Power BI Desktop 表一样，计算表也能与其他表建立关系。计算表列具有数据类型、格式设置，并能归属于数据类别。可以随意对列进行命名，并将其像其他字段一样添加到报表可视化效果。如果计算表从其中提取数据的任何表刷新或更新，则将重新计算计算表。

2. 创建计算表

使用 Power BI 的“报表”视图或“数据”视图，可以在功能区上找到“新建表”功能创建计算表，见图 3-67。

图 3-67　创建计算表

计算表也是使用 DAX 表达式创建的，常见的 DAX 表函数见表 3-4。

表 3-4　常见的 DAX 表函数

函　　数	作　　用
DISTINCT	通过删除另一个表中的重复行返回表
VALUE	返回包含指定列中非重复值的单列表
CROSSJOIN	包含参数中所有表的所有行的笛卡尔乘积
UNION	从一对表创建联合（连接）表
NATURALINNERJOIN	执行一个表与另一个表的内部连接。这些表在两个表的共有列（按名称）上连接
INTERSECT	返回两个表的行交集，保留重复项
CALENDAR	返回单列日期表，该列包含一组连续日期
CALENDARAUTO	返回单列日期表，该列包含一组连续日期。日期范围基于模型中的数据自动计算

接下来用案例“3.2 创建计算表 . pbix”文件，完成应用练习。

3.5.2　合并数据表

当数据模型中有多个结构相同的表时，需要将它们顺利连接成为一个表。

这个需求不需要再回到 Power Query 中，使用计算表功能结合 UNION 函数就可以完成，见图 3-68。

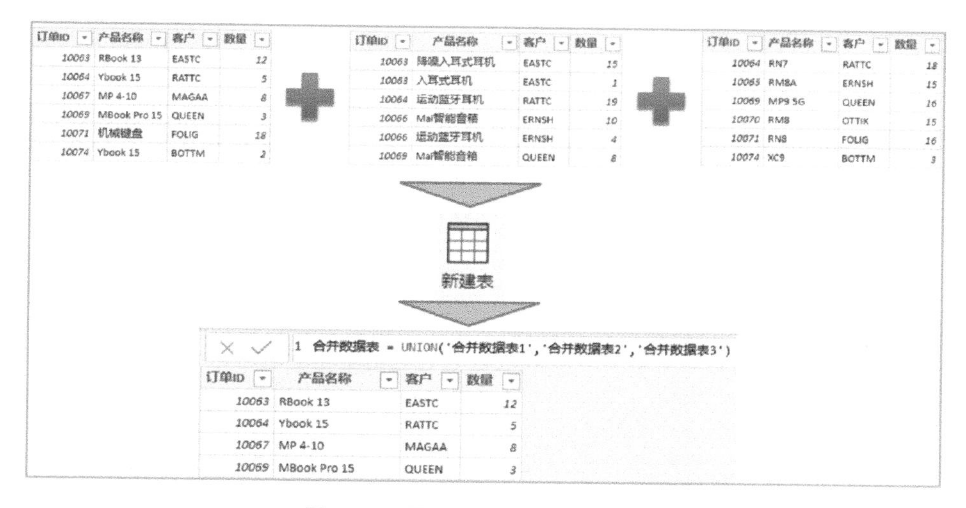

订单ID	产品名称	客户	数量
10063	RBook 13	EASTC	12
10064	Ybook 15	RATTC	5
10067	MP 4-10	MAGAA	8
10069	MBook Pro 15	QUEEN	3
10071	机械键盘	FOLIG	18
10074	Ybook 15	BOTTM	2

订单ID	产品名称	客户	数量
10063	降噪入耳式耳机	EASTC	15
10063	入耳式耳机	EASTC	1
10064	运动蓝牙耳机	RATTC	19
10066	Mai智能音箱	ERNSH	10
10066	运动蓝牙耳机	ERNSH	4
10069	Mai智能音箱	QUEEN	8

订单ID	产品名称	客户	数量
10064	RN7	RATTC	18
10065	RM8A	ERNSH	15
10069	MP9 5G	QUEEN	16
10070	RM8	OTTIK	15
10071	RN8	FOLIG	16
10074	XC9	BOTTM	3

订单ID	产品名称	客户	数量
10063	RBook 13	EASTC	12
10064	Ybook 15	RATTC	5
10067	MP 4-10	MAGAA	8
10069	MBook Pro 15	QUEEN	3

图 3-68　用 UNION 函数合并多表

UNION 函数表达式：

合并数据表 = UNION('合并数据表1','合并数据表2','合并数据表3')

这个功能实现的效果类似 Power Query 中的追加查询。

3.5.3　交叉联合表

当需要将两个有关系模型的表的相关记录进行合并时，也可以使用表计算完成，这里需要使用的函数是 NATURALINNERJOIN。这个功能实现的效果类似 Power Query 中的合并查询，或者 Excel 中的 VLOOKUP 函数。

图 3-69 中的两个表已经建立了关系，交叉联合 2 是基础维度表，交叉联合 1 是事实数据表。

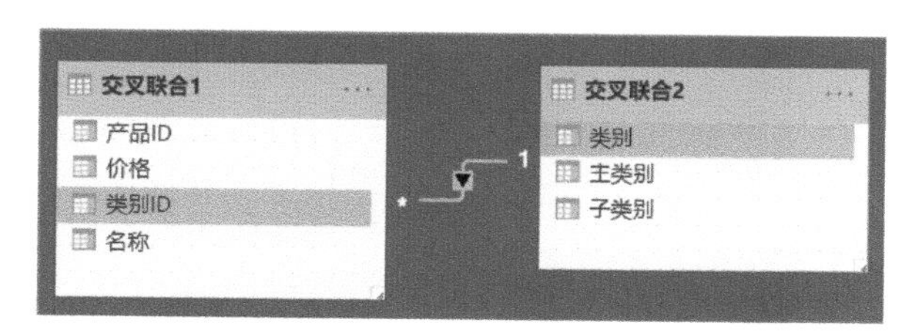

图 3-69　交叉联合两张表

选择新建表工具，在公式编辑栏中输入：

交叉联合 = NATURALINNERJOIN('交叉联合2','交叉联合1')

NATURALINNERJOIN 参数的第一个是维度表，第二个是事实表。

3.5.4 提取维度表

如果要将某数据表中一个字段的内容提取为维度表，可以在计算表中使用 DISTINCT 函数。

案例中的“客户信息”表中包含“地区”列，如果希望将所有地区提取到一张表中，而且不包含重复项，可以在计算表中使用下面的公式：

地区列表 = DISTINCT（'客户信息'［地区］）

结果见图 3-70，可以利用这张表作为基础维度表，与其他事实表建立关系，或者应用到筛选器中。

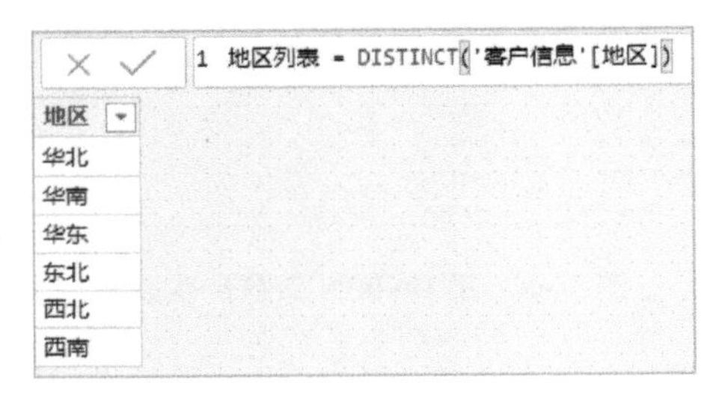

图 3-70　提取维度表

3.5.5 生成日期表

前面详细介绍了“日期表”在数据模型中的作用。如果没有可以导入的日期表，可以直接用计算表创建。这里使用 CALENDAR 或 CALENDARAUTO 函数。

下面看看具体的表达式，见图 3-71。

```
1 日期表 = ADDCOLUMNS (
2     CALENDAR (DATE(2020,1,1), DATE(2020,12,31)),
3         "年度", YEAR ( [Date] ),
4         "月份", FORMAT ( [Date], "MM" ),
5         "年月", FORMAT ( [Date], "YYYY/MM" ),
6         "星期", WEEKDAY ( [Date] ) & "-" & FORMAT ( [Date], "ddd" ),
7         "季度", "Q" & FORMAT ( [Date], "Q" ),
8         "年份季度", FORMAT ( [Date], "YYYY" ) & "/Q" & FORMAT ( [Date], "Q" )
9 )
```

Date	年度	月份	年月	星期	季度	年份季度
2020/7/1	2020	07	2020/07	4-Wed	Q3	2020/Q3
2020/7/2	2020	07	2020/07	5-Thu	Q3	2020/Q3
2020/7/3	2020	07	2020/07	6-Fri	Q3	2020/Q3
2020/7/4	2020	07	2020/07	7-Sat	Q3	2020/Q3
2020/7/5	2020	07	2020/07	1-Sun	Q3	2020/Q3
2020/7/6	2020	07	2020/07	2-Mon	Q3	2020/Q3

图 3-71　生成日期表

3.6　Excel 数据模型应用

与上一章可以在 Excel 中使用 Power Query 一样，也有很多用户希望能在 Excel 中应用数据模型功能，增加 Excel 大数据存储、运算能力。对于这个需求，在 Excel 2016 以上版本（专业增强版，学生家庭版不支持）直接可以实现，这里需要大家掌握 Excel 中 Power Pivot 加载程序的应用。

打开“3.3 Excel 数据模型应用 . xlsx”完成本节练习。

3.6.1　启用 Power Pivot

Power Pivot 在 Excel 中作为一个“COM 加载项”，默认为没有启用。下面介绍启用加载项的方法。

步骤 1：在 Excel 的“文件”选项卡中选择“选项”，在出现的对话框中的左边选择“加载项”，在右侧窗口中选择“管理：COM 加载项”，然后单击“转到”按钮，见图 3-72。

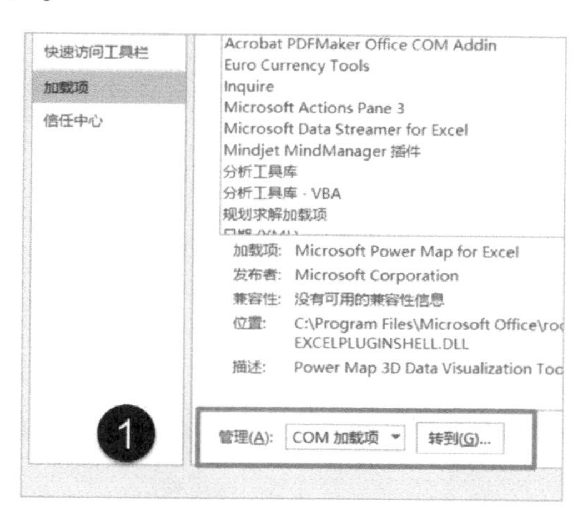

图 3-72　设置 COM 加载项

步骤 2：在出现的对话框中勾选“Microsoft Power Pivot for Excel”选项，见图 3-73。

这里大家也可以选择其他 Excel Power 加载项。完成加载后可以在功能区上看到对应的工具选项卡。

步骤 3：单击 Power Pivot 选项卡中的“管理数据模型”按钮（或者“数据”选项卡中的“管理数据模型”按钮），打开新的窗口，在其中可以查看加载的数据，完成建模设计工作。完成编辑后可以随时退出窗口，不用单独保存，数据

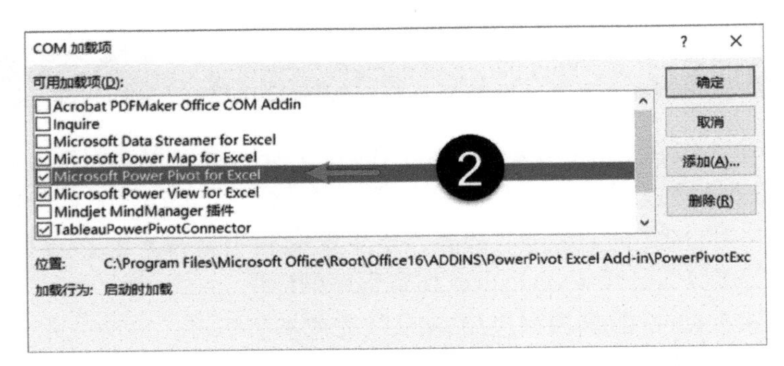

图 3-73　启用“Microsoft Power Pivot for Excel”加载项

将与 Excel 同时保存，见图 3-74。

Power Pivot for Excel - 3.1 数据建模.xlsx

文件　主页　设计　高级

粘贴　从数据库　从数据服务　从其他源　现有连接　刷新　数据透视表　数据类型:　格式:　从 A 到 Z 排序　从 Z 到 A 排序　清除排序　清除所有筛选器　按列排序　查找　自动汇总　创建 KPI　数据视图　关系图视图　显示隐藏项　计算区域

剪贴板　获取外部数据　格式设置　排序和筛选　查找　计算　查看

[货主地址]

	订...	客...	销售人员	订购日期	货主名称	货主地址	货主城市	订购日期(年)	订购日期(月索引)	订购日期(月)
1	10063	EASTC	1	2018/01/0...	谢小姐	前进北路 7...	南京	2018	1	1月
2	10064	RATTC	1	2018/01/0...	王先生	跃进路 326...	大连	2018	1	1月
3	10065	ERNSH	8	2018/01/0...	王先生	津塘大路 3...	天津	2018	1	1月
4	10066	ERNSH	4	2018/01/0...	王先生	铁人路 36 号	天津	2018	1	1月
5	10067	MAGAA	2	2018/01/0...	王炫皓	江槐东街 7...	天津	2018	1	1月
6	10068	LINOD	1	2018/01/0...	黄雅玲	华翠南路 2...	温州	2018	1	1月
7	10069	QUEEN	7	2018/01/0...	方先生	九江西街 3...	南昌	2018	1	1月
8	10070	OTTIK	2	2018/01/0...	徐文彬	湾乡甲路 3...	张家口	2018	1	1月
9	10071	FOLIG	8	2018/01/0...	方先生	幸福西大...	昆明	2018	1	1月
10	10072	OCEAN	3	2018/01/0...	谢丽秋	南京路丁 9...	上海	2018	1	1月
11	10073	BOTTM	3	2018/01/1...	王先生	云南路 912...	上海	2018	1	1月

3

销售订单　订单明细　产品列表　类别　客户信息

记录: 第 1 行，共 1,001 行

图 3-74　管理数据模型窗口

3.6.2　Power Pivot 数据建模

Power Pivot 中的数据有两个来源：

1）来自 Power Query 清洗转换后的数据。

2）直接从 Power Pivot 加载的数据。

这两种来源的数据都可以进行关系模型建立。当导入多个数据表后，可以在它的窗口中选择“关系视图”功能。在关系视图中，根据表格结构关系，直接拖放字段建立关系，图 3-75。

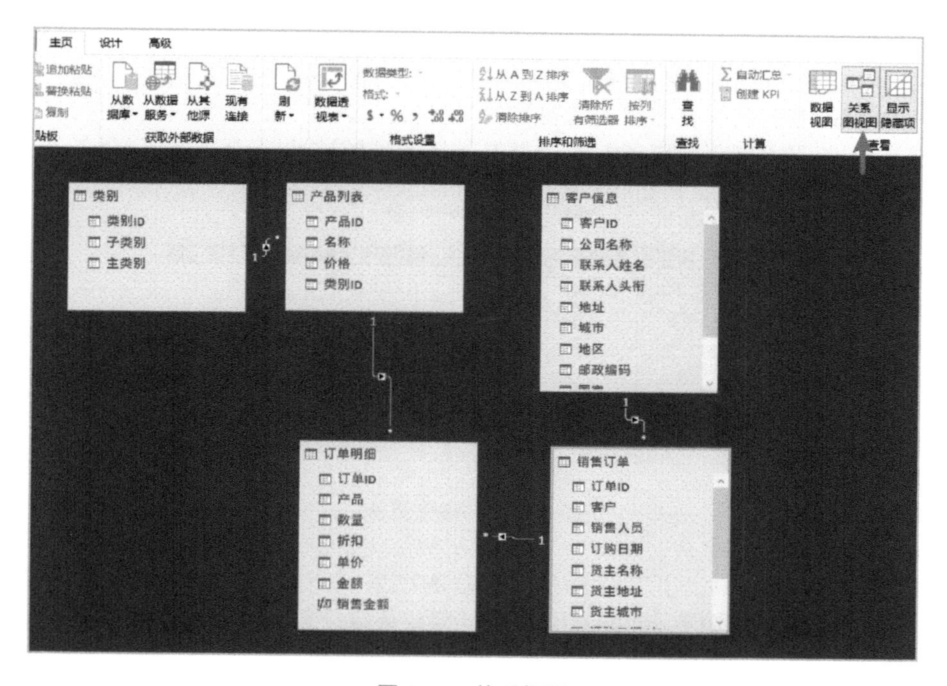

图 3-75　关系视图

3.6.3　度量值与计算列

与 Power BI Desktop 一样，Power Pivot 也可以支持 DAX 表达式，完成数据列扩充，度量值计算。

1. 创建计算列

我们以“订单明细”表为例，添加一列计算每行记录的金额。

在数据表上方输入公式，并将字段列名称改为“金额”。在浏览表格时会发现计算字段标题以“黑色”作为区别，见图 3-76。

fx ='订单明细'[数量]*'订单明细'[单价]

	数量	折扣	单价	金额
42	1	0	59	59
44	15	0	299	4485
20	12	0	4499	53988
56	20	0	229	4580
22	5	0	7299	36495
48	19	0	99	1881
5	18	0	1199	21582

图 3-76　创建计算列

2. 创建度量值

Power Pivot 的度量值公式与 Power BI 中有一些区别：

- 公式中度量值名称后面需要加“ :”。
- 度量值结果可以显示在数据表下方的“计算区域”中，见图 3-77。

[金额] fx 销售金额:=SUM('订单明细'[金额])

	订...	产...	数量	折扣	单价	金额	添加列
1	10063	42	1	0	59	59	
2	10063	44	15	0	299	4485	
3	10063	20	12	0	4499	53988	
4	10064	56	20	0	229	4580	
5	10064	22	5	0	7299	36495	
6	10064	48	19	0	99	1881	
						销售金额: 77562718	

图 3-77　创建度量值

这个结果是没有上下文筛选条件的总的结果。当度量值应用到数据透视表中，就会根据透视表行、列标签中的项目进行分解计算。

3.6.4　基于数据模型创建数据透视表

Excel 中数据建模的结果，直接应用于数据透视表。下面我们来看基于数据模型创建透视表的过程。

1）根据数据模型创建数据透视表，见图 3-78。

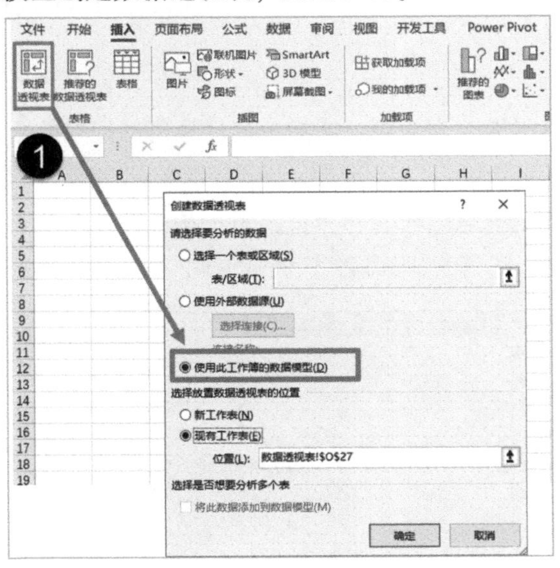

图 3-78　根据数据模型创建数据透视表

2）应用数据模型中的字段列表构建透视分析，并基于透视表创建透视图，见图 3-79。

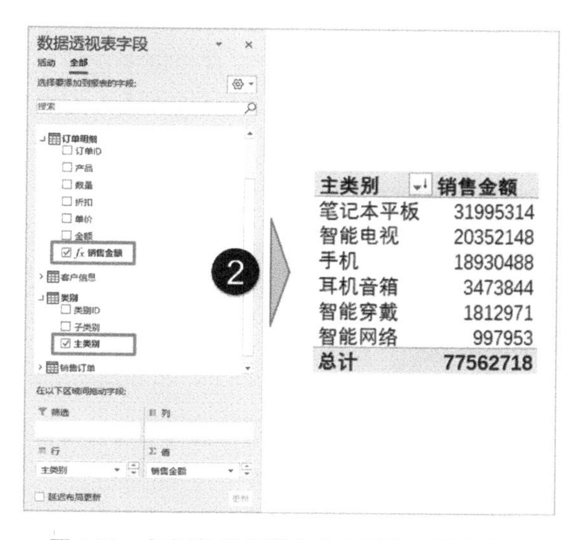

图 3-79　根据数据模型中的字段构建透视分析

3）添加筛选切片器。

切片是数据透视表中用户数据交互筛选的功能。基于数据模型中的字段创建切片器，可以让数据透视表按多个维度灵活筛选。

使用鼠标在功能区的“数据透视表分析”选项卡中单击“插入切片器”。在切片器窗口中的“全部”标签下，选择“类别”：主类别，日期表：年度。

切片器还可以调整位置、大小、配色方案，见图 3-80，详细方法大家可以

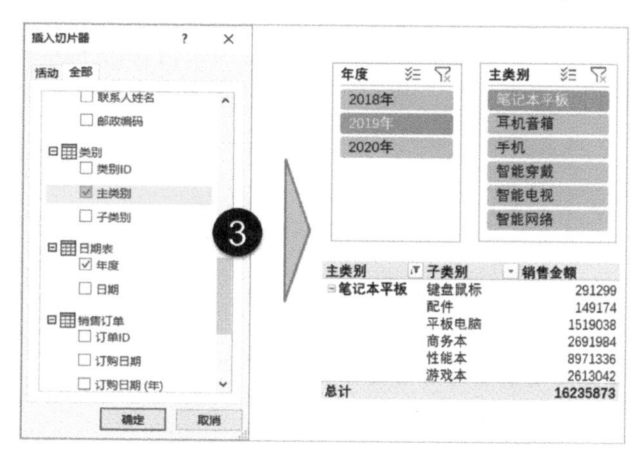

图 3-80　添加筛选切片器

参照《Excel 数据管理：不加班的秘密》。

3.6.5 Excel 数据模型导入 Power BI Desktop

如果希望将 Excel 中的数据模型以更加丰富的可视化效果展现，并发布到网络进行分享，可以将模型导入到 Power BI Desktop，导入的内容包括数据、表关系、计算列、度量值，见图 3-81。

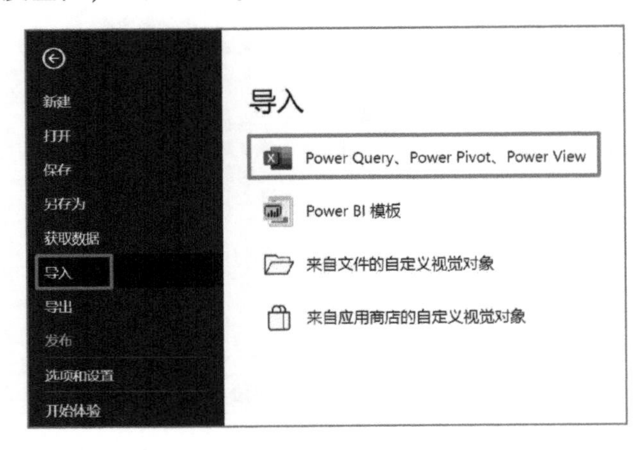

图 3-81 将 Excel 数据模型导入 Power BI Desktop

3.7 总结

本章是 Power BI Desktop 应用的重点。通过具有代表性的案例，介绍了管理数据模型包含的工作内容。本章重点是表关系、度量值、DAX 表达式。未来基于 Power BI 相关产品进行数据分析、可视化呈现，数据模型中的计算是最重要的能力，希望读者能充分理解、掌握本章内容，为后面的数据可视化学习奠定基础。

第 4 章 可视化报表设计

在拥有数据模型后，可将字段拖动到报表画布上，以创建可视化对象。可视化对象也称为视觉对象或图表，是模型中度量值数据的图形表示形式，可以在 Power BI Desktop 中选择不同类型的可视化对象，甚至可以从 Power BI 应用商店下载大量的免费内容。

我们会将多个可视化对象应用到报表页面上。这些对象可显示 Power BI Desktop 中模型数据的各个方面。一个 Power BI 文件中的视觉对象集合称为“报表”。报表可以有一个或多个页面，就像 Excel 文件可以有一个或多个工作表。它可以做出动态交互可视化数据分析图表，见图 4-1 示意。

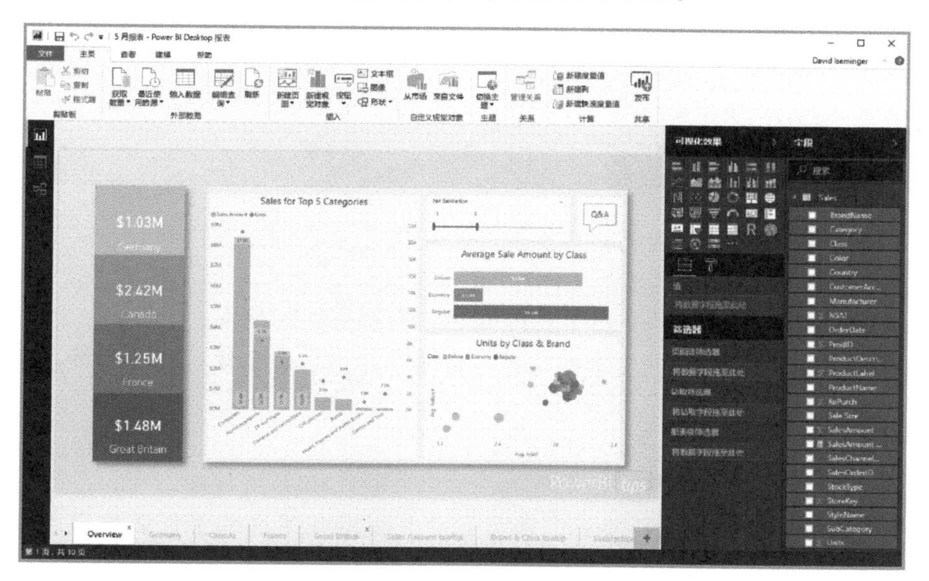

图 4-1　动态交互可视化图表示意

本章的知识结构思维导图见图 4-2。

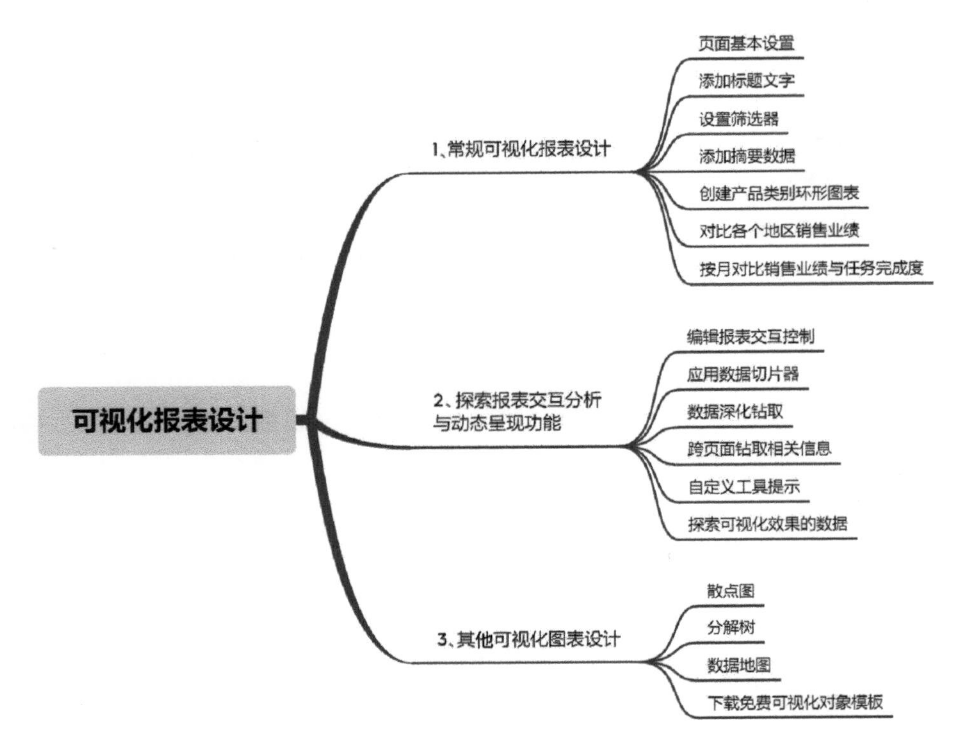

图 4-2　第 4 章知识结构思维导图

4.1　常规可视化报表设计

数据可视化分析报表需要根据业务分析需求从不同角度进行详细展现。最常见的展示方式是“总 – 分”结构，将数据综合呈现在一个页面上，然后用分页面详细说明。下面设计一页“2019 年销售数据分析”报告。

在这个页面上会出现文本框标题、数字卡片图、柱形图、饼图、线柱组合图、数据地图。

4.1.1　页面基本设置

一个报表文件包含多张工作表页面。下面将介绍这些工作表的整体格式设置。

1. 管理页面

报表中的页面操作与 Excel 工作表类似，可以重命名、删除、隐藏、复制，见图 4-3。当页面比较多时，为了方便浏览，还可以设置书签快速切换。

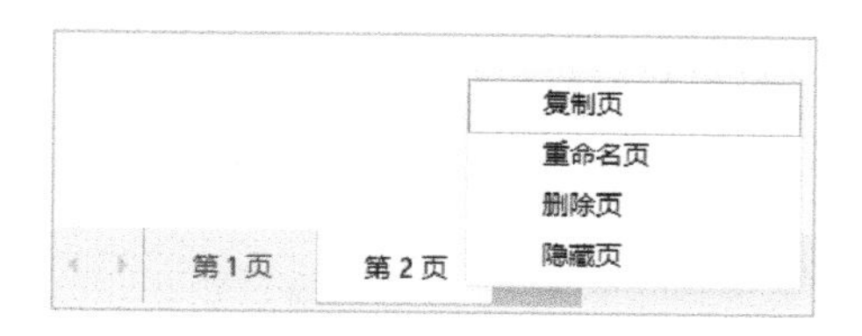

图 4-3　管理页面

2. 设置页面尺寸

在设计报表过程中，随时可以调整页面视图的大小。在“视图”选项卡下找到“页面视图”菜单。因为 Power BI 报表推荐用云服务进行发布，用户用浏览器查看，所以“页面视图”设置可以控制报表页面相对于浏览器窗口的显示，见图 4-4。

- 调整到页面大小（默认值）：将内容调整到最适合页面的程度。
- 适应宽度：将内容调整到适应页面的宽度。
- 实际大小：内容以完整大小显示。

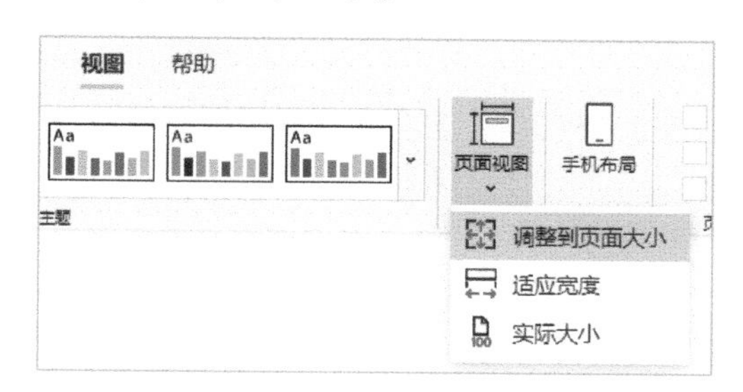

图 4-4　设置页面尺寸

如果在用 Power BI Desktop 编辑报表时，使用的计算机屏幕分辨率低，报表因为默认使用“调整到页面大小”选项，所以会显得页面上的图表特别小，一些细节看不清，这时可以选择“实际大小”，这样可以按照 100% 比例显示图表。

3. 设置页面格式

除了通过上面的三种视图选择大小，还可以在“可视化”窗格中设置每个页面的格式。

因为“可视化”窗格显示的内容会根据所选对象进行切换，所以要找到设置页面格式选项，一定要单击页面空白位置。

单击“可视化”窗格中的“格式”图标，可以看到下面丰富的选项，见图 4-5。

这里的选项比较多，下面重点了解一下页面大小、页面背景和壁纸选项的设置。

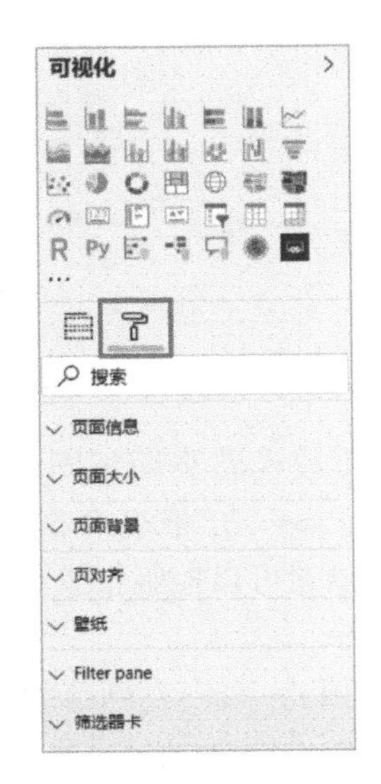

图 4-5 “可视化”窗格

- 页面大小。

页面大小调整包括 5 个选项，其中 4 个选项对页面大小的影响见图 4-6。“工具提示”是将当前页面设置为其他图表查看的提示链接信息显示，这项功能将在本章其他小节介绍。

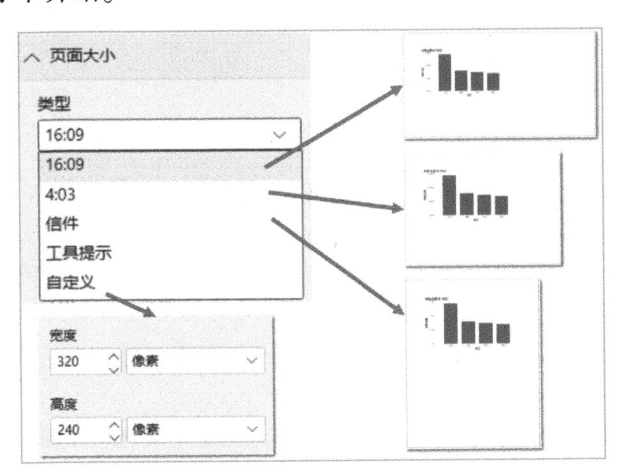

图 4-6 页面大小

- 页面背景、壁纸。

页面背景和壁纸是页面中的两个不同区域，具体范围如图 4-7 所示。壁纸是指整个页面区域；页面背景是最终呈现在浏览器中的报表页面。这两个区域都可以设置颜色和壁纸。

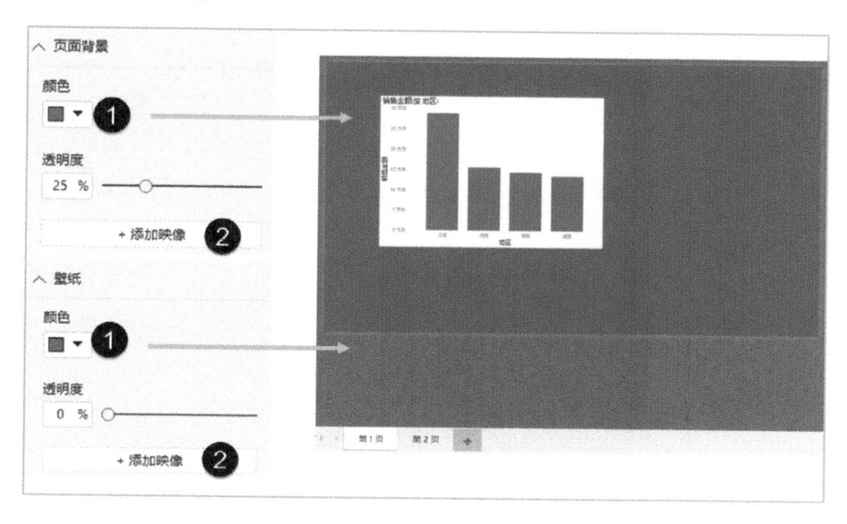

图 4-7　设置页面颜色和壁纸

4. 应用主题配色

与我们做幻灯片一样，Power BI 也提供了主题功能，每个主题包括不同的配色方案、背景。切换主题后，整个报表的各个页面风格都会发生变化。在选择图表元素的颜色时，也可以看到基于主题配色的颜色选择。

可以在“视图”选项卡中找到主题功能，单击右侧的下拉菜单，可以看到更多的选择，包括对当前主题自定义修改功能，见图 4-8。

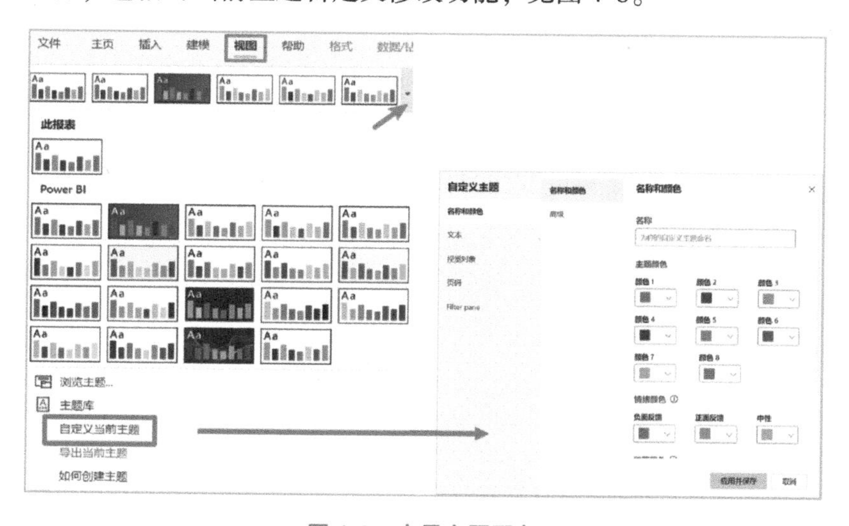

图 4-8　应用主题配色

4.1.2 添加标题文字

在确定了页面主题后，首先选择文本框，为页面创建标题，见图 4-9。

1）绘制文本框，调整到适当大小。

2）选择文字后，通过浮动工具栏设置格式。这里提供的字体因为要与浏览器显示效果兼容，所以提供得比较少，但是一般的中、英文都可以显示。

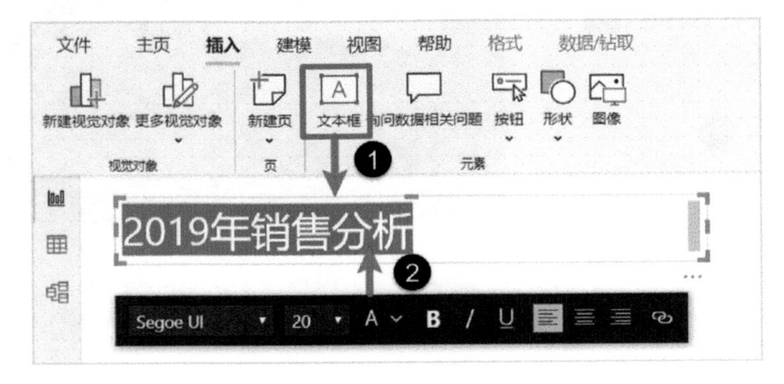

图 4-9 添加标题文字

3）标题的背景颜色可以通过“可视化”窗格中的“背景”选项进行设置，见图 4-10。

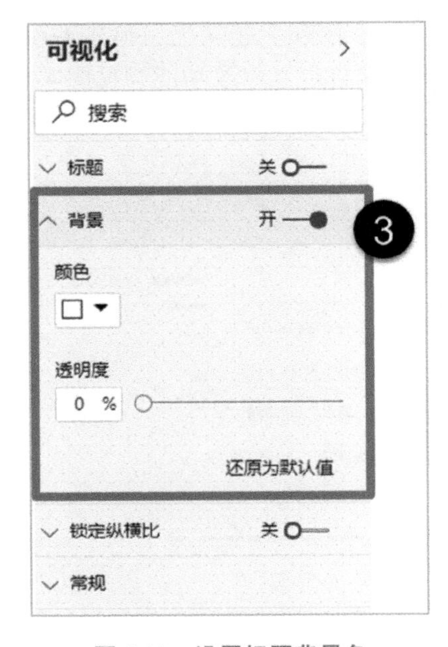

图 4-10 设置标题背景色

4.1.3　设置筛选器

当前编辑的页面将呈现 2019 年销售业务情况，为了限制页面中出现的数据都是 2019 年度的，有两个办法。

1. 使用度量值

选用“2019 年销售金额”度量值，因为其使用 CALCULATE 函数筛选了“2019 年”的数据，见图 4-11。

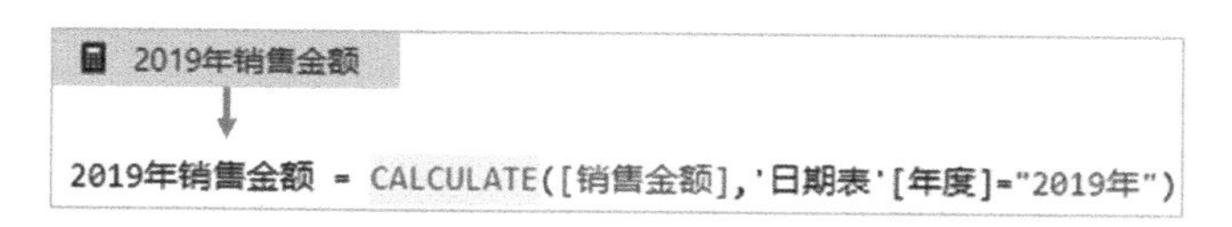

图 4-11　使用 CALCULATE 函数筛选

2. 使用筛选器

使用“销售金额”度量值，为页面设置“筛选器”，见图 4-12。

图 4-12　使用度量值筛选 1

案例中的“销售金额”度量值是没有应用筛选器函数的。

在功能区的“视图”选项卡中提供了“筛选器”按钮。筛选器显示为屏幕中的一组窗格，见图 4-13。如果选择了一个可视化图表对象，可以看到其包括三个部分：视觉对象（可视化图表）、页面、所有页面。如果选择的是页面，则只能看到后两者。

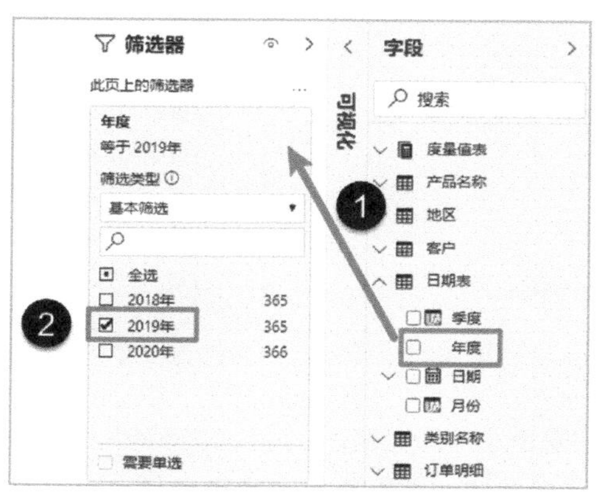

图 4-13　使用度量值筛选 2

1）将日期表中的“年度”字段拖放到“此页上的筛选器”中。

2）筛选条件选择“2019 年”。

如果指定了“所有页面上的筛选器”，就属于“报表”级别筛选，文件中所有页面将应用这个筛选条件。

4.1.4 添加摘要数据

通常在一个报告页面的最顶端放置的是总体摘要信息。下面利用卡片图、仪表对象，来呈现 2019 年销售金额、任务完成率、同比增长率等业绩数据。

1. 创建卡片图

卡片图是报表中默认提供的，且最常使用的对象。下面将用它来展现 2019 年销售目标、销售金额两项指标。

1）从可视化窗格中选择卡片图。

在报表中创建新的可视化对象时，一定要单击页面空白位置，否则就是替换其他可视化对象类型。

2）从度量值列表中选择“2019 年销售金额”，见图 4-14。

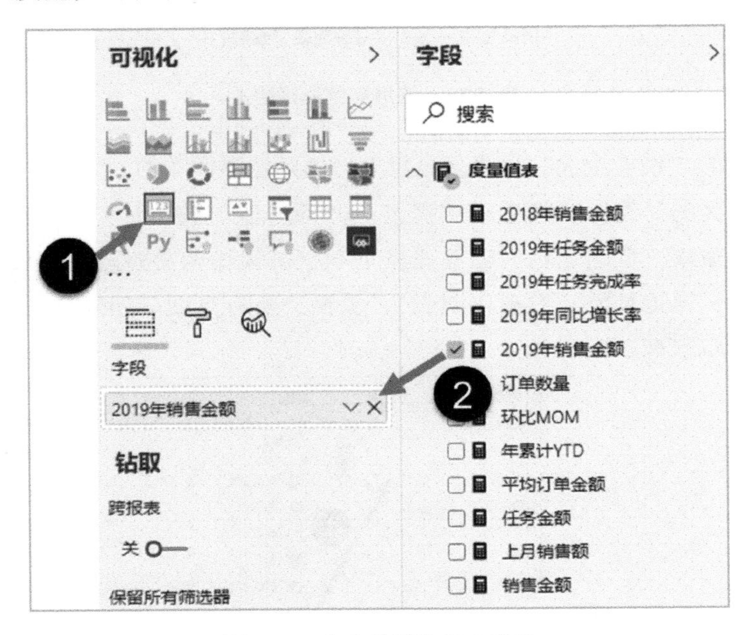

图 4-14　为卡片图选择度量值

3）设置卡片图的格式。

调整“数据标签”字号到适当大小，见图 4-15。

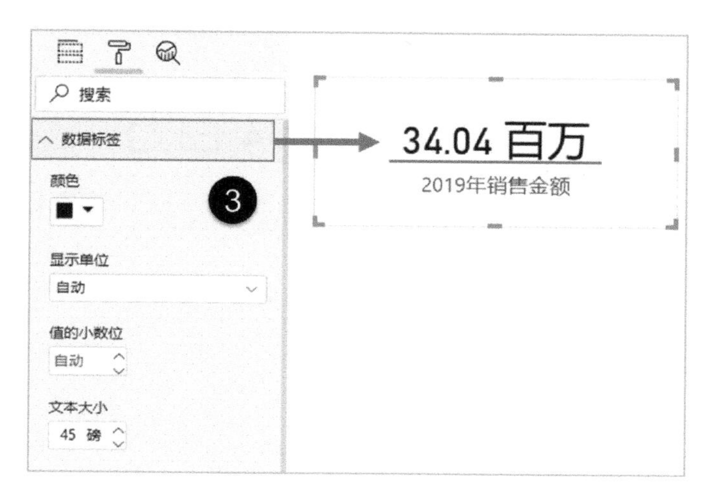

图 4-15　设置卡片图的格式 1

还可以为数字设置显示单位，当数字比较大时，建议按默认自动模式显示，见图 4-16。这里只能按列表的项目选择，没有提供单位“万”。

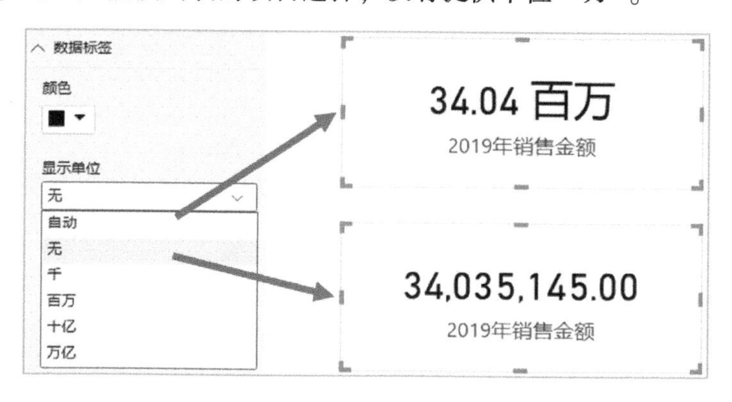

图 4-16　设置卡片图的格式 2

4）卡片图数字下面的文字属于“类别标签”，默认是在开启状态，可以在格式中设置它的字体、颜色。如果调整的格式不理想，还可以选择“还原为默认值”。

5）用鼠标拖放调整对象大小，见图 4-17。

6）创建 2019 年任务金额卡片图。复制刚刚创建的视觉对象，调整好排列位置，将“2019 年任务金额”替换原来的度量值，如图 4-18 所示。

完成后的效果见图 4-19。

以上是可视化图表通用的基本操作，后续案例中，读者可以参考这些过程

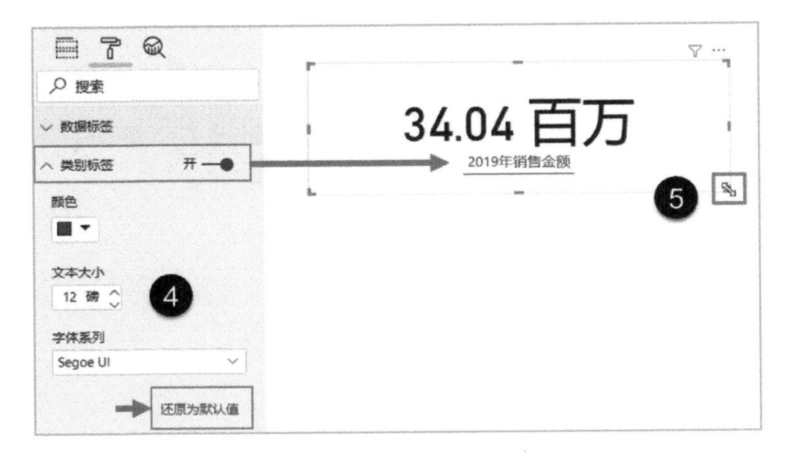

图 4-17　调整卡片图大小

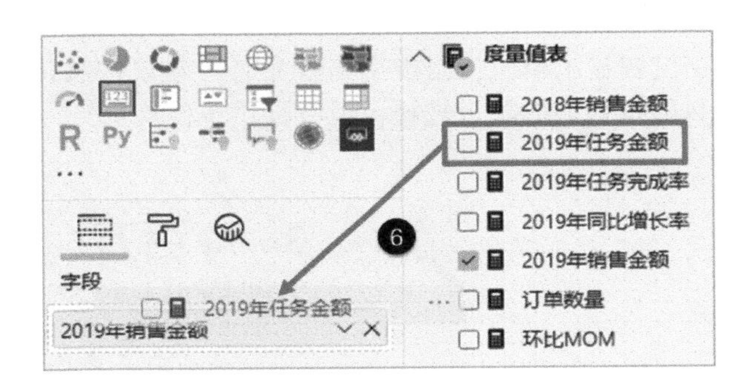

图 4-18　更改卡片图度量值

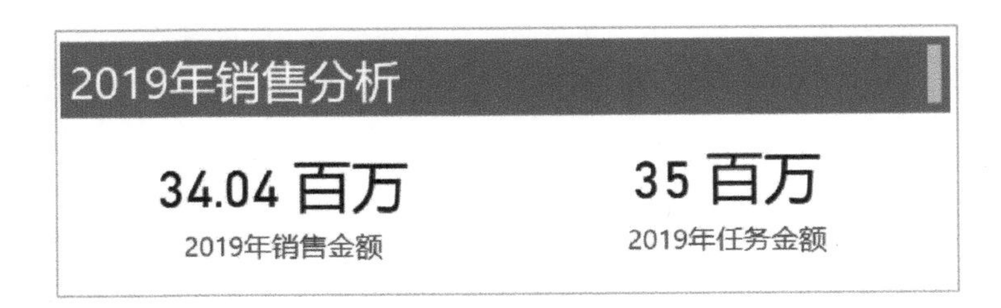

图 4-19　卡片图完成效果

完成类似操作；同时也会在其他可视化对象的案例中，讲解新的格式项目的设置方法。

2. 创建仪表

可视化对象——仪表，非常适合比率数据展现。在下面的案例中将 2019 年任务完成率、同比增长率两项指标展现在仪表中。

1）在可视化对象窗格中选择“仪表”，见图 4-20。

图 4-20　添加仪表工具

2）从度量值列表中选择“2019 年任务完成率”“2019 年销售金额”，放置到下面的可视化项目中，见图 4-21。

仪表对象提供的字段中包括值、最小值、最大值、目标值、工具提示五个数据设置项目。设置了“值”后，就可以呈现仪表的基本效果。

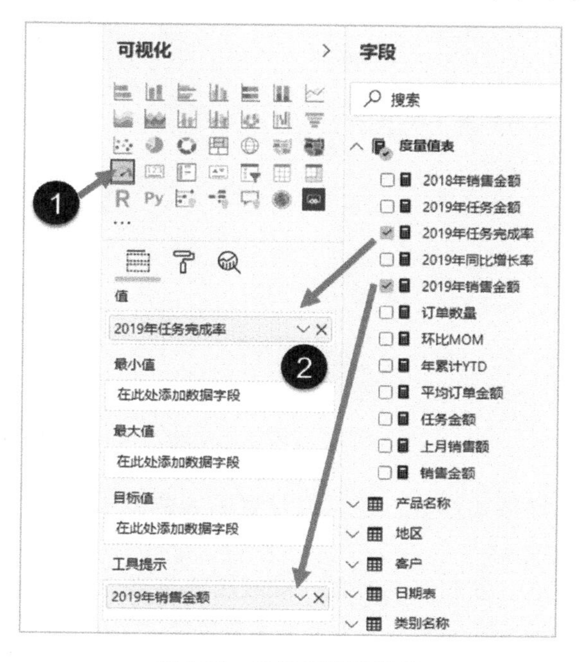

图 4-21　设置仪表度量值

完成初步设置后，图表和鼠标悬停的提示信息如图 4-22 所示，如果提示信息中再增加更多度量值，都将显示在提示标签中。

图 4-22 仪表显示效果 1

3）设置仪表目标标记。在仪表的格式标签中，可以标记目标值，为任务是否达标提供参考。这个值只能输入整数或小数，不能输入百分数。

4）设置仪表标题。默认的仪表标题是所选的多个度量值名称的合并，通过格式标签，直接输入“2019 年任务完成率”，并调整字号的大小，效果如图 4-23所示。

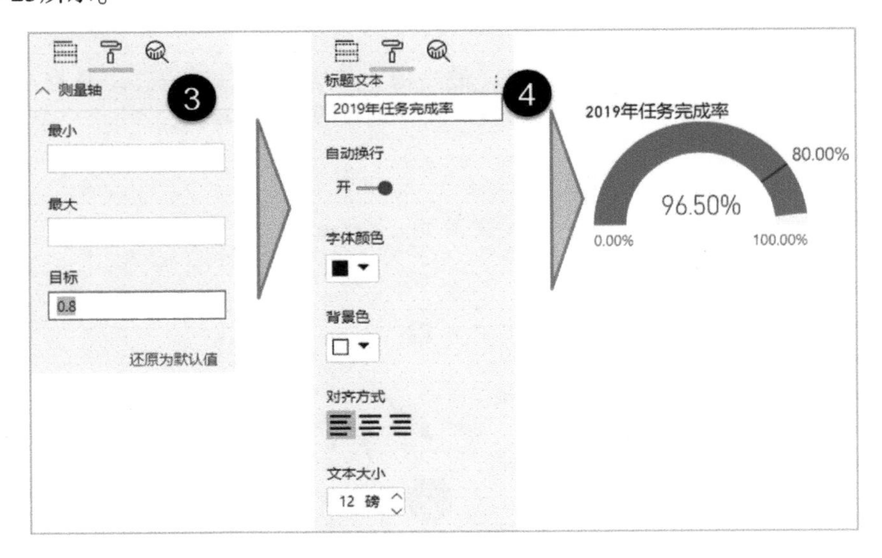

图 4-23 设置仪表标题

通过可视化对象格式标签，还可以设置图表的各种元素格式，包括数据标签字号、图形颜色等。

完成以上设置后，复制仪表对象。修改图表标题，将“值”中的内容换成“2019 年同比增长率”度量值，为工具提示框添加“2018 年销售金额”。两个仪表对象图表完成后的效果见图 4-24。

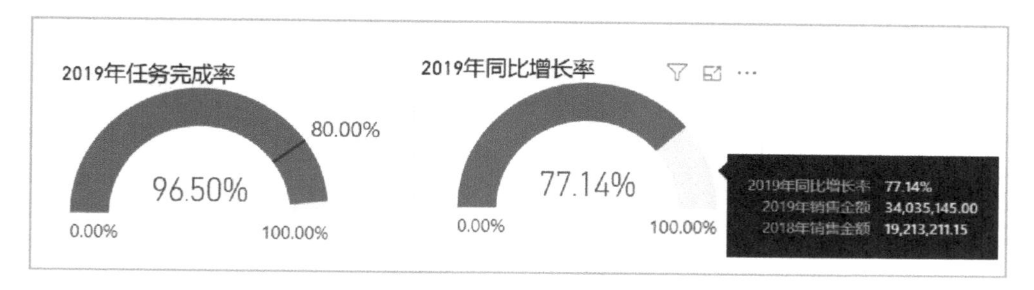

图 4-24　两个仪表对象图表显示效果 2

4.1.5　创建产品类别环形图表

下面利用环形图展现产品主类别的成分比例。

1）从可视化对象窗格中选择“环形图”。

2）将字段列表“类别名称-主类别”添加到图表图例项目中；将度量值“2019 年销售金额”添加到值中，见图 4-25。

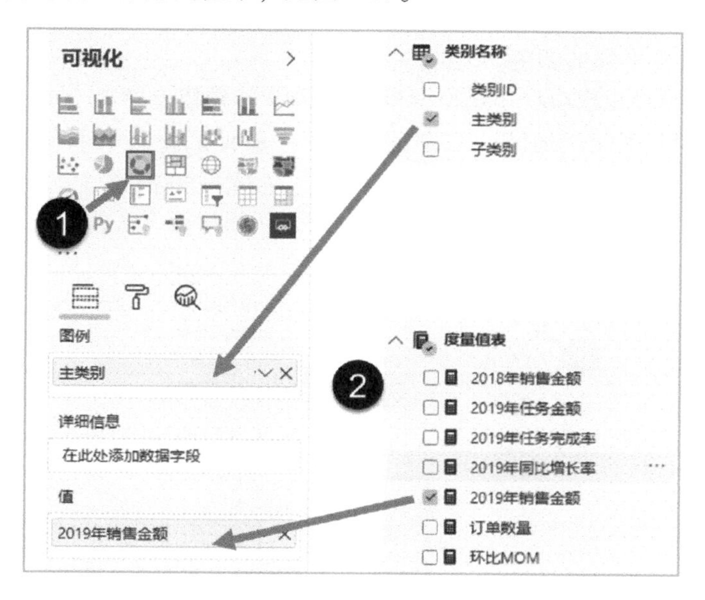

图 4-25　添加环形图

3）调整数据标签。环形图创建完成后，自动配备了每个部分的数据标签，如果要调整数据标签的内容，可以选择格式标签中的“详细信息标签”，图 4-26 中可以看到下拉菜单中可选的项目。

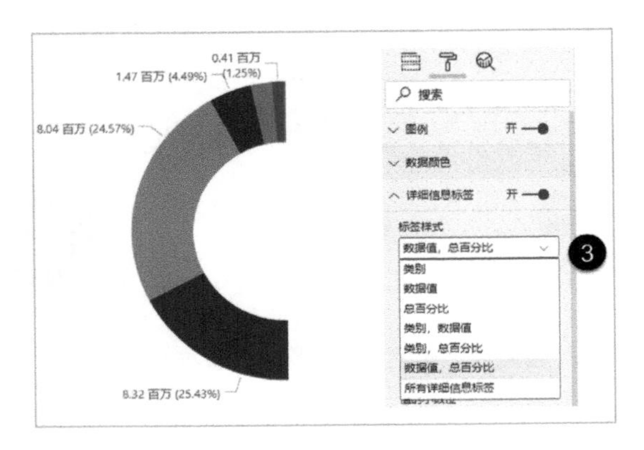

图 4-26　调整环形图数据标签

4.1.6　对比各个地区销售业绩

下面按地区、省份对比各地 2019 年销售业绩，选用横道图或柱形图。

1）从可视化对象窗格中选择“堆积条形图”，这种图表适合将每根横道按地区分类，设置不同的颜色。

2）设置图表元素项目。选择度量值“2019 年销售金额”，在“轴”和“图例”项目中同时添加“地区”。“图例”项目中的地区就会用不同颜色标识每一根横道图，如果换成其他维度字段，就会在每一根横道上显示堆积图形，见图 4-27。

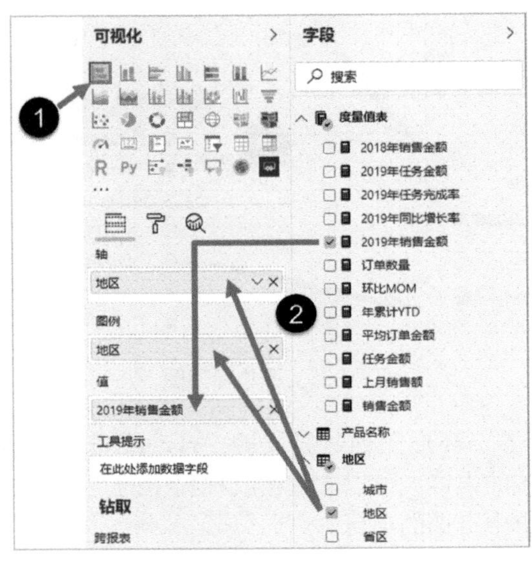

图 4-27　设置图表元素项目

3）为图表添加工具提示，度量值“2019 年任务完成率”，见图 4-28。

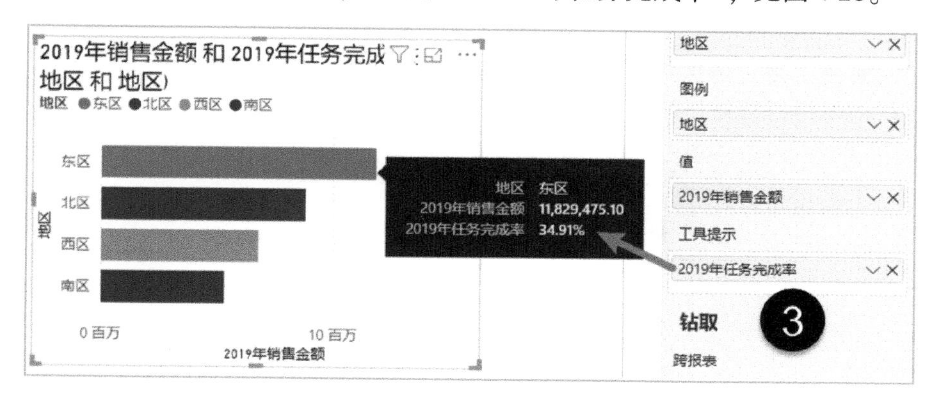

图 4-28　添加工具提示

4）修改图表格式：标题、数据标签，见图 4-29。

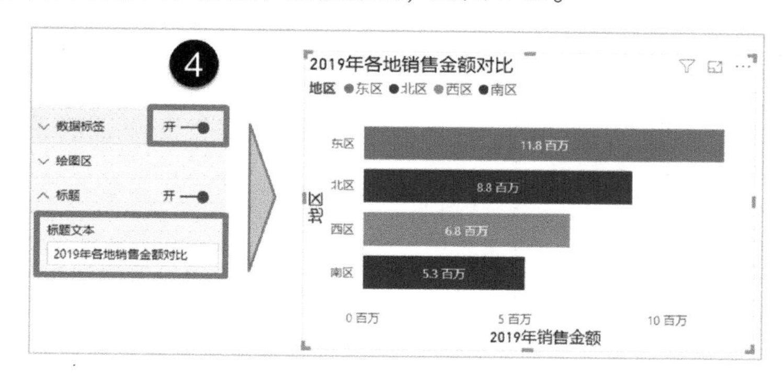

图 4-29　修改图表格式

5）调整排序。如果希望按“2019 年销售金额”从小到大的顺序，可以按图 4-30 示意进行调整。

图 4-30　调整排序

4.1.7 按月对比销售业绩与任务完成度

前面按产品、地区维度分析销售业绩，借助折线图与柱形图的组合图表，按日期维度进行分析展示。

1）选择可视化对象中的“折线和柱形图”，见图 4-31。

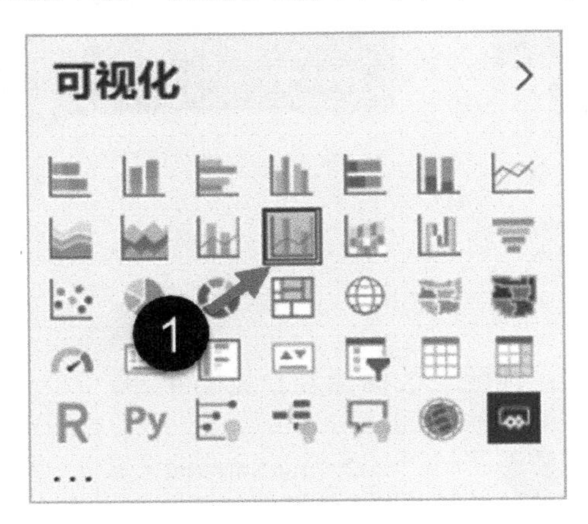

图 4-31 选择折线和柱形图

2）组合图表的组成元素相对复杂。“共享轴”可以理解为图表的 X 轴，“列值”“行值”对应图表的第一 Y 轴、第二 Y 轴，见图 4-32。

图 4-32 为组合图设置数据

3）设置折线图标记点。为折线图添加标记点，可以使其呈现得更加突出。将图表的格式标签“形状”—“显示标记”置于“开”状态，见图 4-33，然后可以调整标记形状、标记大小、标记颜色。

图 4-33　设置折线图标记点

4）设置折线图数据颜色。在图表中可以分别调整柱形图、折线图的颜色，见图 4-34。

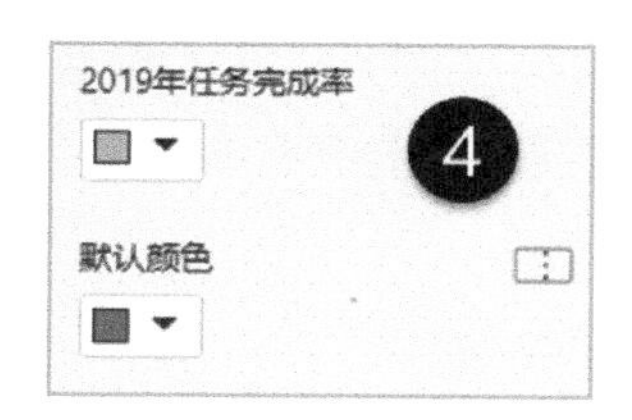

图 4-34　设置折线图数据颜色

在对应柱形图的默认颜色中，甚至可以根据每月销售指标度量值设置“条件格式”。设置方法见图 4-35 中的红色线框标记。这个案例主要的目的是：将任务完成率小于 80% 的柱形图设为浅蓝色。

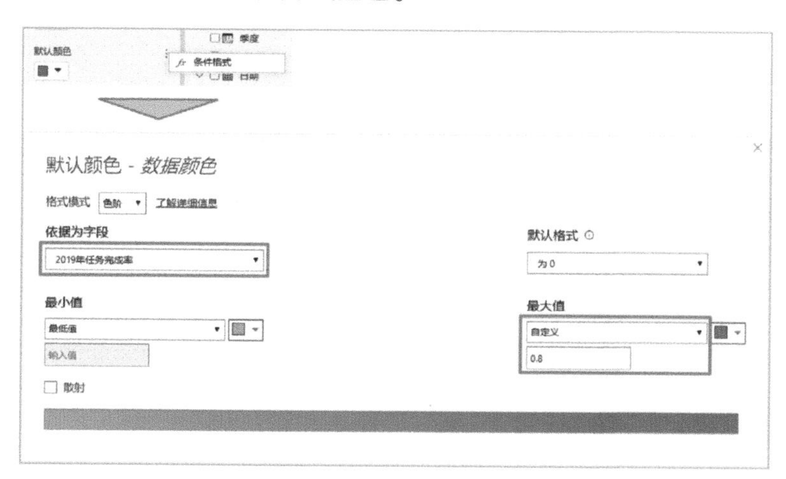

图 4-35　设置柱形图条件格式

完成后的图表见图 4-36。

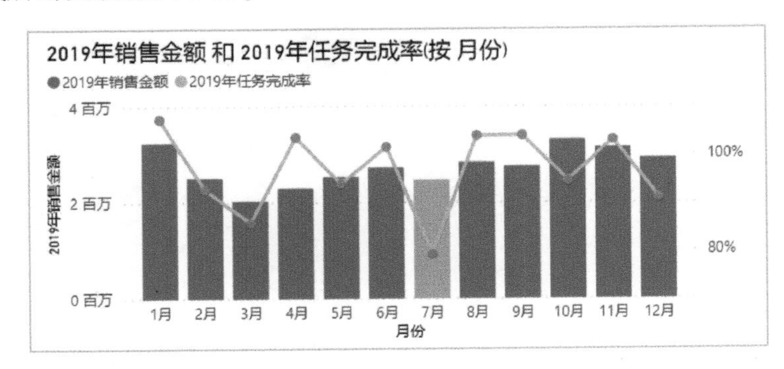

图 4-36　柱形图条件格式显示效果

5）设置折线图数据标签。数据标签可以为图表中的每个项目显示具体的数值，也可以为柱形图、折线图分别进行设置。

在格式标签中，先将数据标签开关打开，然后在这一组选项最后将“自定义系列”开关打开，最后将“2019 年销售金额”数据标签显示开关置于“关”状态，见图 4-37。

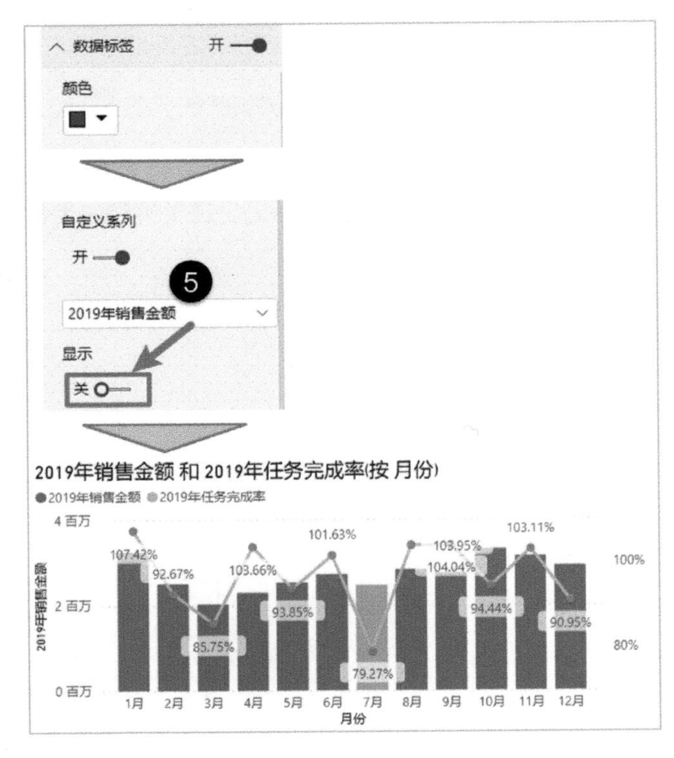

图 4-37　设置折线图数据标签

6）设置折线图格式：调整第二 Y 轴刻度。图表中默认状况下折线图覆盖在柱形图上，影响了数据标签的显示，下面通过调整第二 Y 轴的开始值、结束值，使折线图向上浮动，减少两组图表的相互影响。

在步骤（2）中，将“2019 年任务完成率”放置在了图标元素的“行值”中，所以要在“Y 轴”格式选项区域中，向下（选项较多要仔细查找）找到“Y 轴（行）”，设置“开始”为 0，“结束”为 1. 2，见图 4-38。也可以尝试将“Y 轴（列）”对应的柱形图的“开始”“结束”值进行调整，以获得更理想的呈现效果。

图 4-38　调整第二 Y 轴数值

通过上面六个步骤，按月份分析的组合图表设置完成，效果见图 4-39。

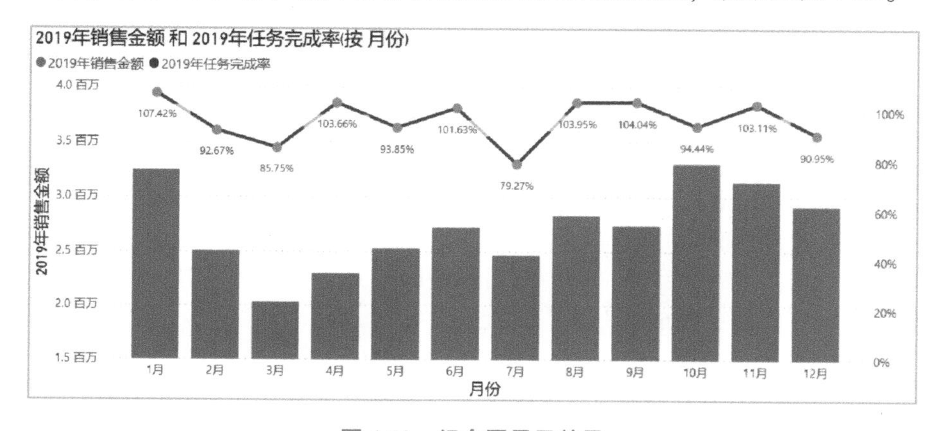

图 4-39　组合图显示效果

这节所要设计的2019年销售分析的摘要页面全部完成了，页面整体效果参见图4-40。以上可视化对象的应用，是完成数据可视化分析最常用的功能。在这一基础上，将继续研究Power BI数据可视化分析的特色应用。

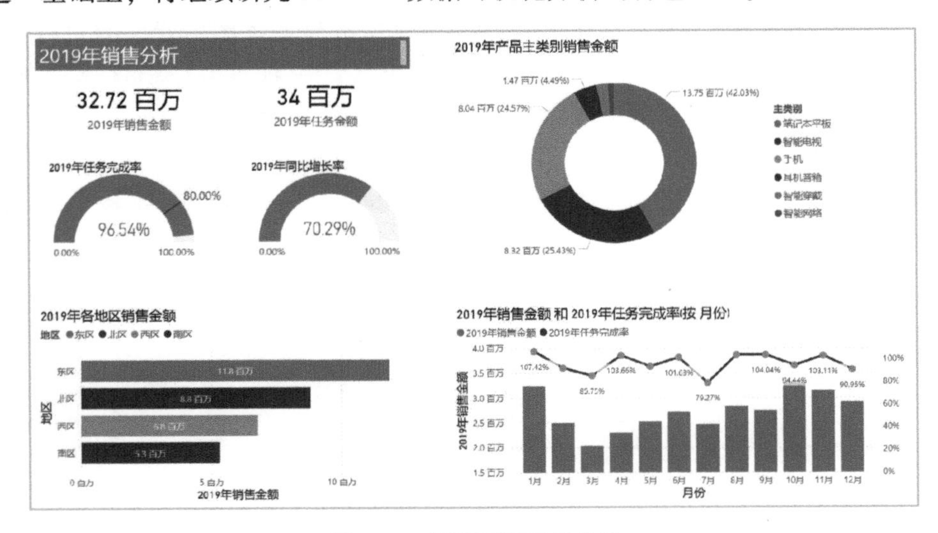

图4-40　摘要页面显示效果

4.2　探索报表交互分析与动态呈现功能

Power BI可视化报表一个重要的特点是，图表之间直接支持互动筛选与钻取分析。利用这些特性，可以对业务数据的状况与问题进行多角度统计分析，为商业决策、业务发展提供重要的数据参考。

4.2.1　编辑报表交互控制

Power BI可视化报表中的对象之间，默认具备交互筛选效果。可以单击前面案例中“2019年各地区销售金额”图表的任意区域，同一个页面的其他可视化图表就会产生响应，见图4-41。这就是因为在表与表之间具备关系模型。一个图表对象的筛选变化，相当于影响了其他对象度量值的上下文计算。

图表交互筛选效果虽然有利于多角度数据分析，但有时也会产生不合理的筛选结果。例如“销售目标”表中的目标金额，只分解到年、月两个日期维度。度量值“2019年任务完成率”的公式是：

2019年任务完成率=DIVIDE（［2019年销售金额］，［2019年任务金额］）

如果其他图表中按“东区”进行筛选，包括“2019年任务完成率”的图表返回的并不是“2019年东区的任务完成率”，而是东区销售额占销售目标的比

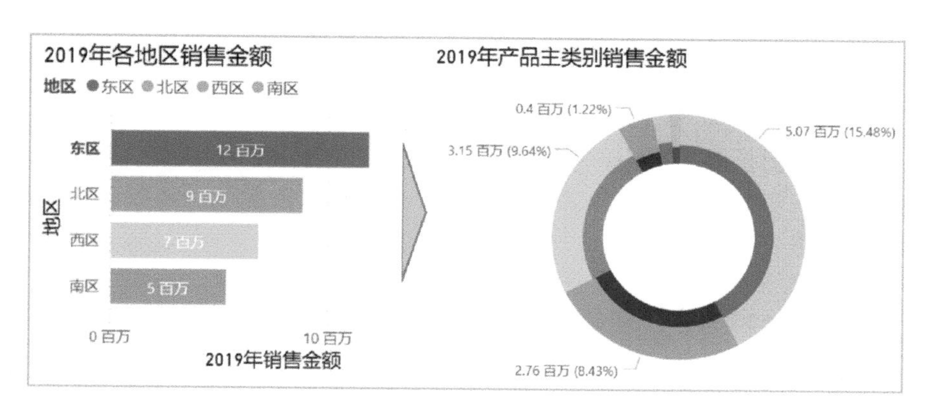

图 4-41　图表交互筛选效果

率。因此需要将一些图表之间的互动筛选效果禁用。

1. 禁用指定图表互动效果

1）选择一个图表对象，从“格式”选项卡中单击“编辑交互”按钮，见图 4-42。其他图表附近（通常是右上角）出现交互控制按钮。

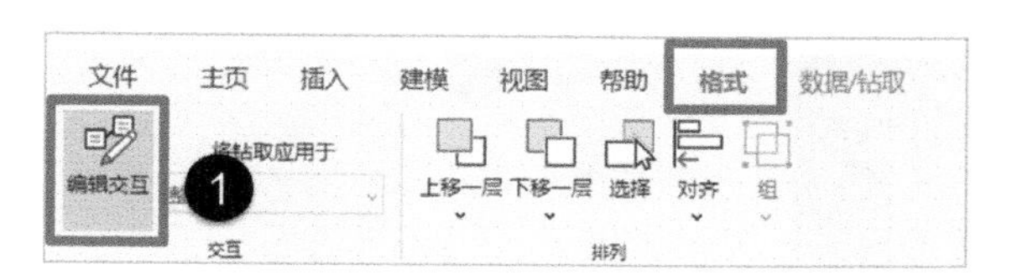

图 4-42　“编辑交互”按钮位置

2）单击禁止图标 ⊘ ，停止与上一步选中的图表互动。如果要恢复互动，可以单击 ![] 或 ![] 图标，见图 4-43。

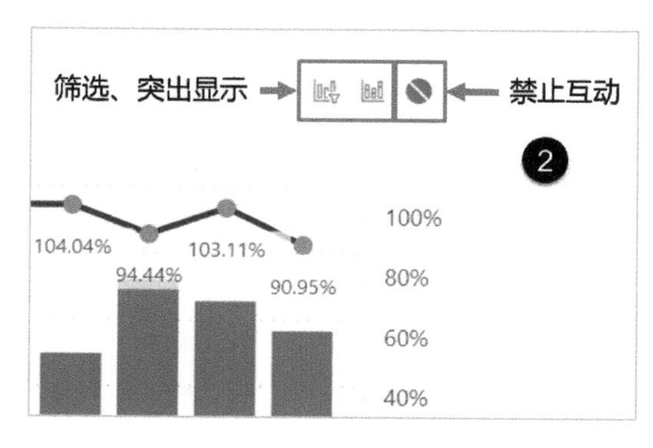

图 4-43　禁止图表互动

完成以上编辑后，单击功能区“格式”选项卡的“编辑交互”按钮，关闭编辑状态。

2. 设置默认交互状态

本书案例都是以 Excel 作为数据源，数据被缓存到模型中。所以图表交互响应速度很快，对数据分析有非常好的体验。在下面的情况下，可以考虑关闭默认的交互效果：

- 数据源是数据库系统，采用 DirectQuery 连接方式。
- 数据模型中存在比较多的关系结构不完整的表，也会产生不合理的筛选结果。

关闭选项的方法如下：

1）打开 Power BI 的“文件”选项卡—“选项设置”对话框。

2）在对话框左侧选择“当前文件”设置中的“查询缩减”，在右侧勾选“默认禁用交叉突出显示/筛选”，见图 4-44。

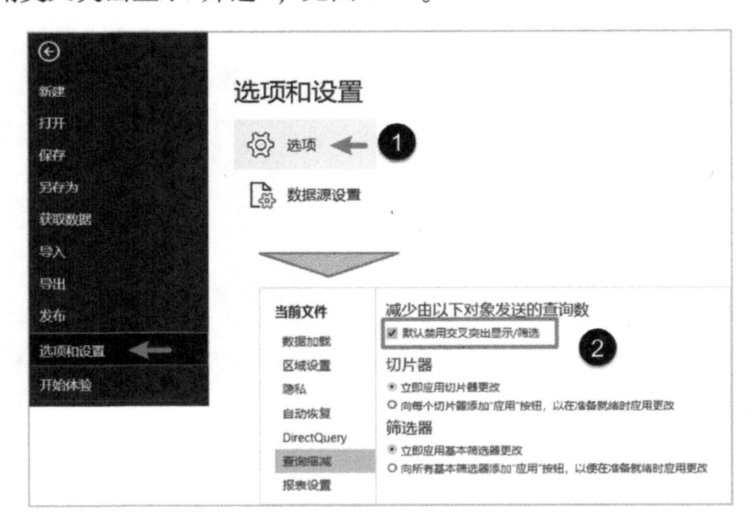

图 4-44 勾选“默认禁用交互突出显示/筛选”

应用后检查图表的交互效果已经都被禁止。完成练习后，取消以上选择，恢复默认交互筛选功能。

4.2.2 应用数据切片器

在上一个案例中，学习了如何控制图表之间的交互筛选效果。在很多报表页面中关闭过于灵活的图表交互功能，然后利用可视化对象——切片器，进行各个对象统一筛选控制。

1）新建一个报表页面，添加下面的图表，度量值“销售金额”作为值对象，见图 4-45。

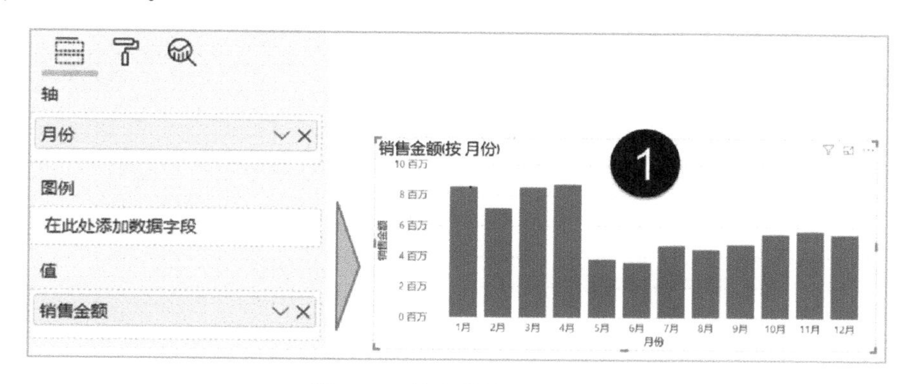

图 4-45　按度量值建立图表

2）为图表添加两个切片器，使用“年度”“主类别”两个字段，见图 4-46。

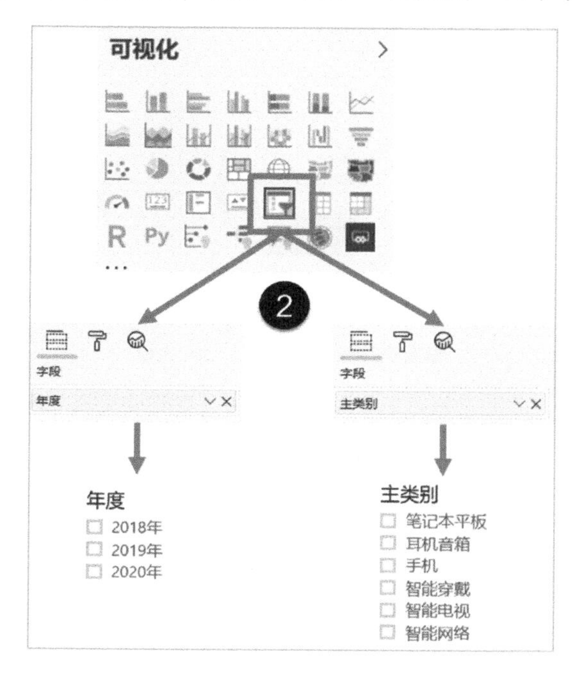

图 4-46　为图表添加切片器

3）设置切片器选项控件，见图 4-47。

4）设置按钮形状切片器。除了使用复选、单选形式的切片器，还可以将其设置为矩形按钮形状，操作起来更加方便。在“格式”标签中选择“常规”-“方向”为“水平”，然后调整切片器大小到适当状态，见图 4-48。

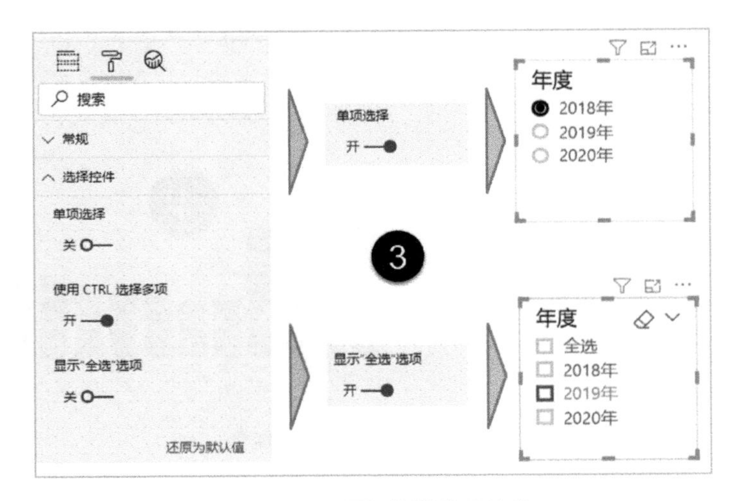

图 4-47 设置切片器选项控件

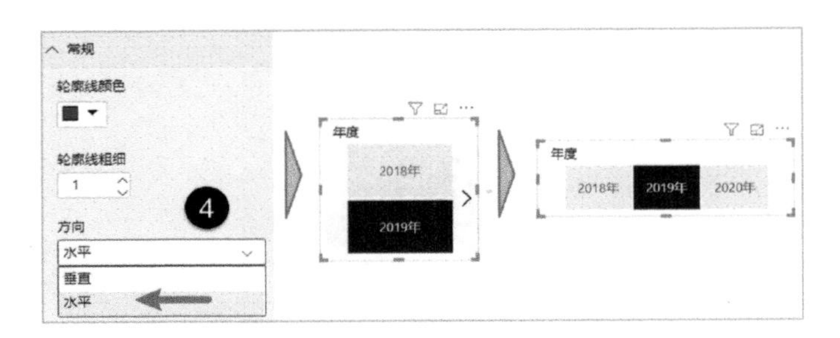

图 4-48 设置按钮形状切片器

4.2.3 数据深化钻取

Power BI 中有很多可视化对象，可以设置多层级的维度信息，在图表查看过程中，可以对关注的数据下钻到更详细的级别来进行分析。下面以柱形图为例说明操作过程。

1）选择“2019 年各地区销售金额”图表，在可视化窗格的“轴”中的“地区”字段下面添加“省区”，见图 4-49。

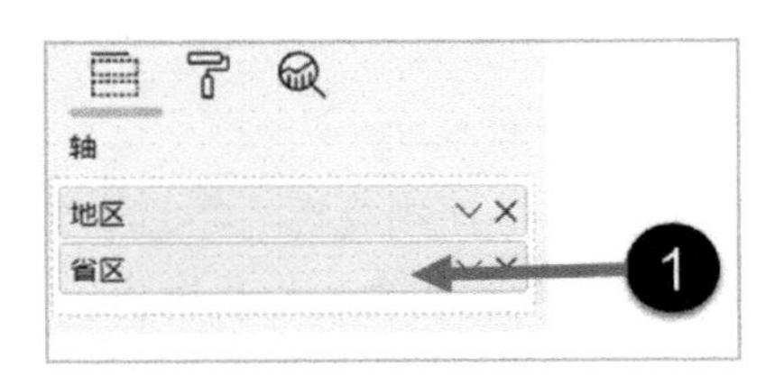

图 4-49 添加向下钻取字段

2）图表右上角出现钻取与层级别工具；在数据条上使用鼠标右键进行操作时，也可以看到快捷菜单中对应的工具。单击“向下钻取”，图表展示出所选地区包括的省份数据对比，见图 4-50。

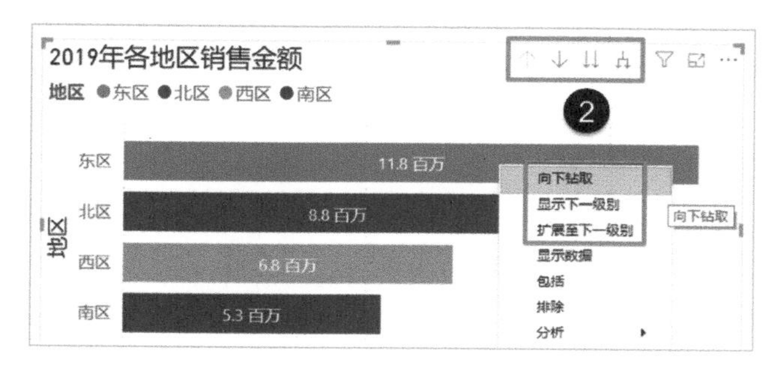

图 4-50　单击“向下钻取”

3）返回上一层级，选择“向上钻取”，见图 4-51。

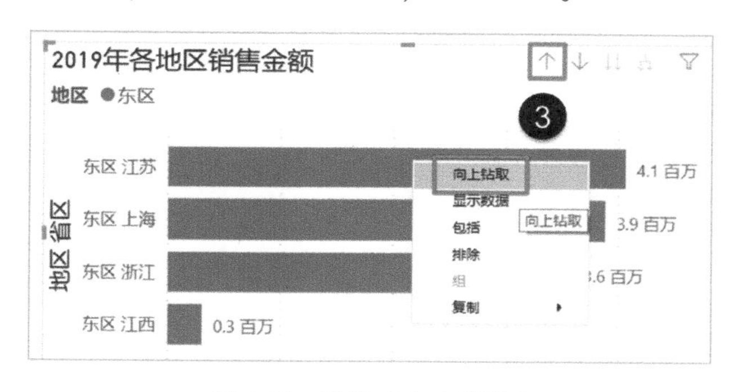

图 4-51　选择“向上钻取”

4）启用“向下钻取”模式。启动这一模式后，可以实现直接在横道图上单击，即可钻取到下一层级的效果，见图 4-52。

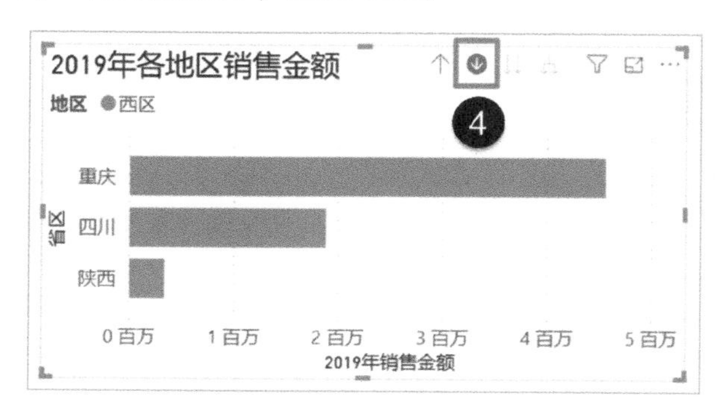

图 4-52　启用“向下钻取”模式

4.2.4　跨页面钻取相关信息

Power BI 提供的“钻取”功能，可以将一个页面中用户所关注的分类数据，在子报表页中详细展开，形成更加深入的多角度分析。若要使用钻取，可以通过在其他报表页上使用鼠标右键单击数据点将其选中，然后钻取到具有针对性的页面，来获取针对此上下文进行筛选后的详细信息。

1. 创建钻取目标页面

下面先创建一个钻取目标页面。图 4-53 是设计完成的页面说明。因为前文已经对相关图表类型制作进行了详细介绍，所以本案例只做简单说明。

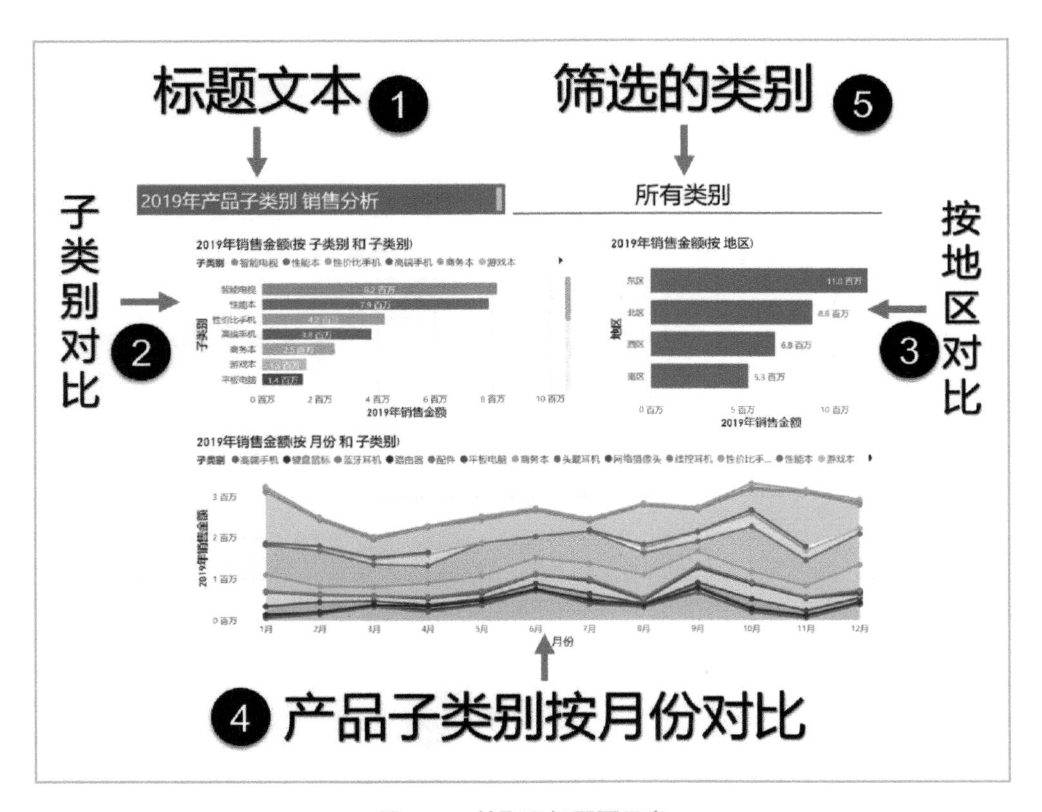

图 4-53　钻取目标页面示意

1）复制“2019 年销售分析”页面的标题文本框，并进行修改。

2）创建产品子类别销售金额条形图，见图 4-54。

3）创建产品类别按地区销售金额条形图，图 4-55。

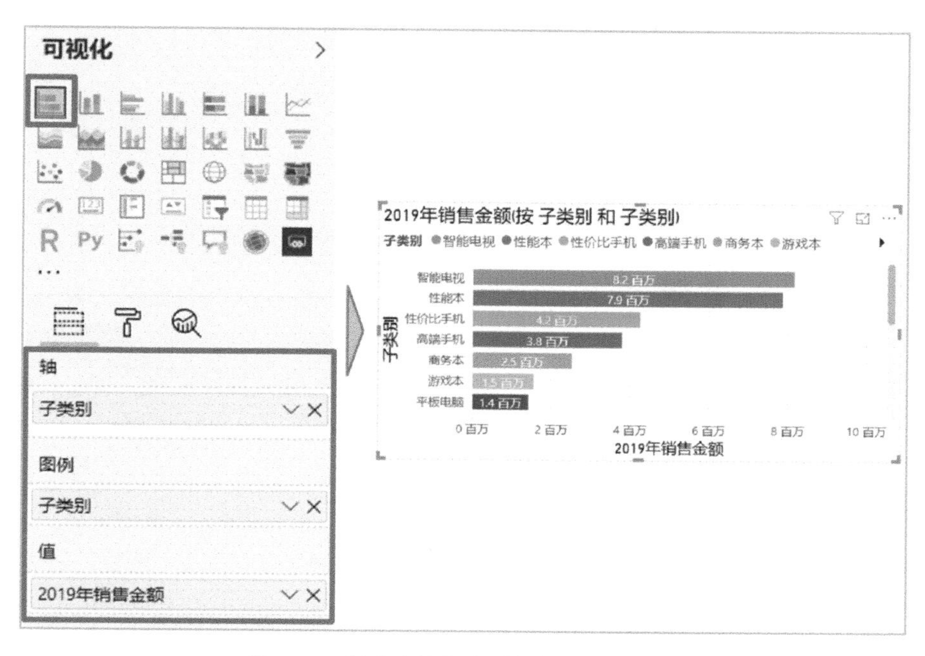

图 4-54　创建产品子类别销售金额条形图

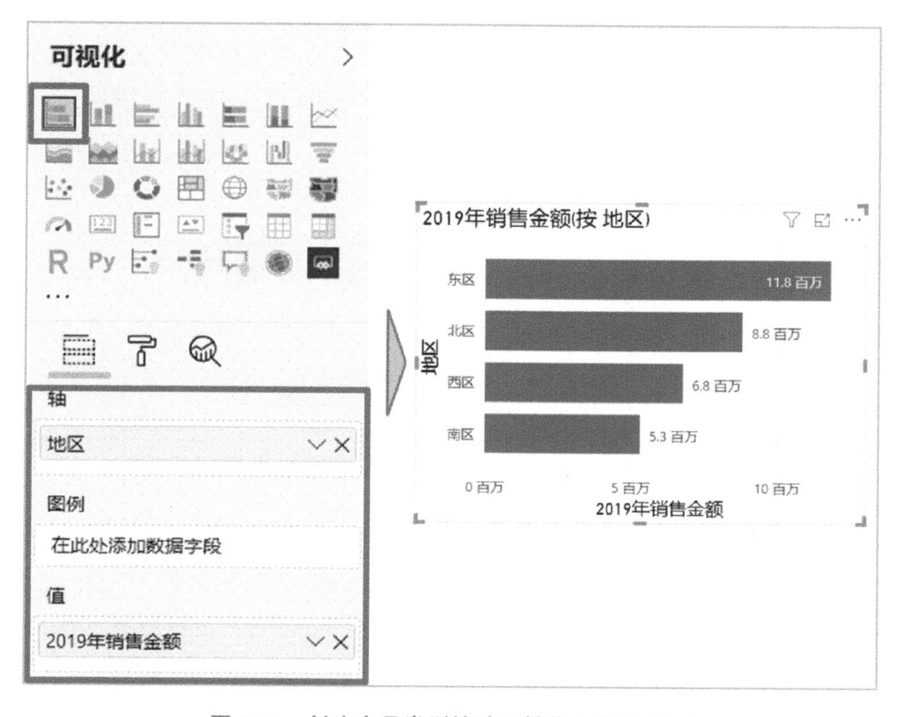

图 4-55　创建产品类别按地区销售金额条形图

4）创建产品子类别按月堆积面积图，见图 4-56。

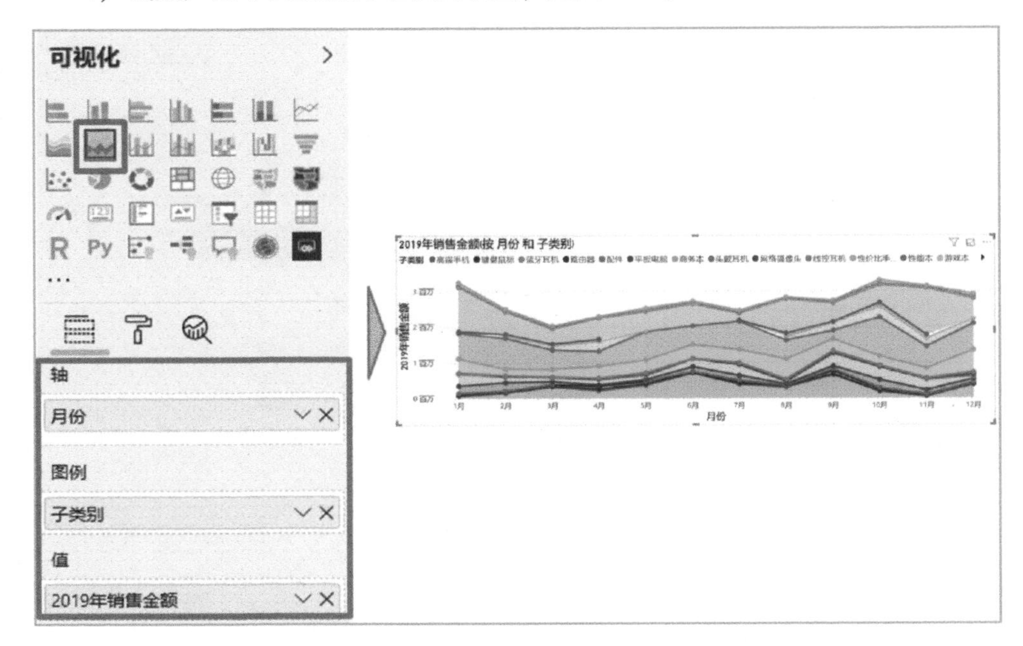

图 4-56　创建产品子类别按月堆积面积图

5）创建当前筛选类别卡片图

首先创建一个度量值，计算传递到当前页面的按产品主类别筛选结果，公式见图 4-57。

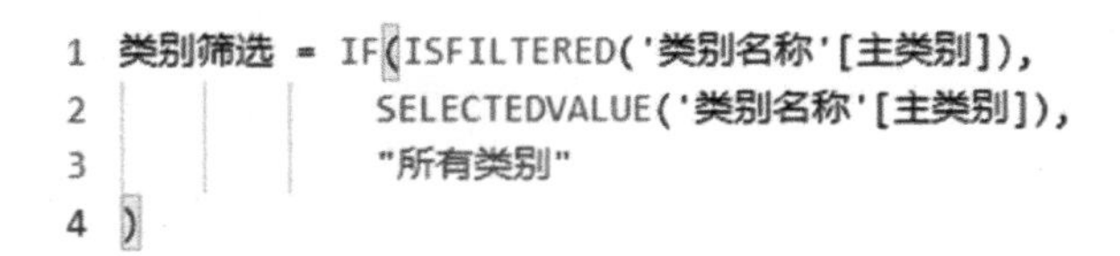

```
1 类别筛选 = IF(ISFILTERED('类别名称'[主类别]),
2                 SELECTEDVALUE('类别名称'[主类别]),
3                 "所有类别"
4 )
```

图 4-57　创建当前筛选类别卡片图

将度量值添加到卡片图中，按下图调整对象格式，见图 4-58。

2. 设置与应用钻取筛选

1）在刚刚创建的页面下，通过可视化窗格设置“钻取字段”。页面左上角会自动出现“上一步”链接图标。在 Power BI Desktop 中浏览时，按住〈Crtl〉+ 单击鼠标可以切换回钻取的主页面；如果发布到 Power BI 在线服务，可以用鼠标直接单击返回上一页，见图 4-59。

图 4-58　添加度量值到卡片图

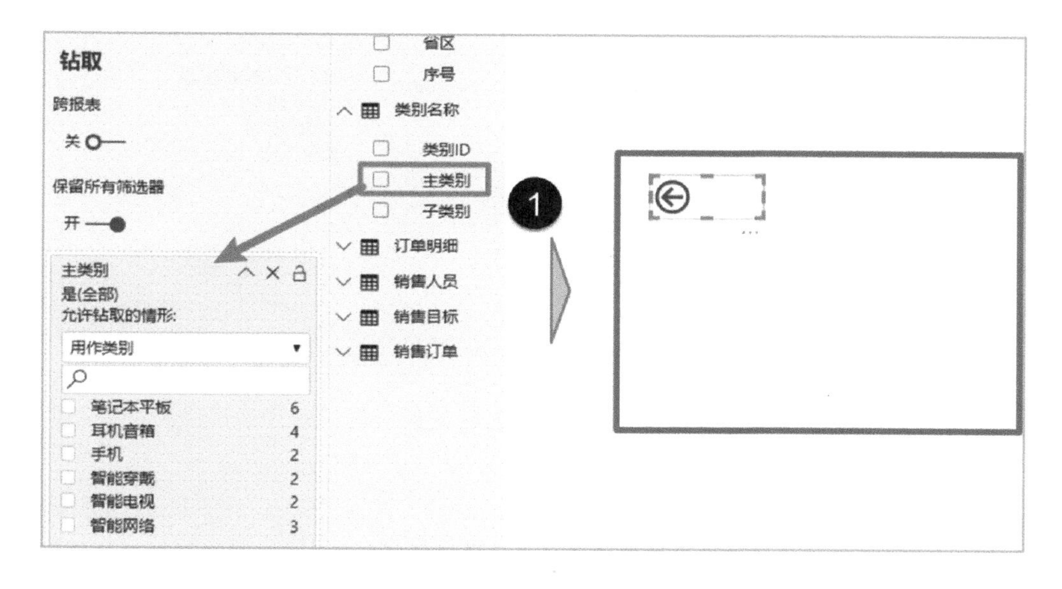

图 4-59　图表钻取的设置和显示

2）使用页面钻取。因为“2019 年销售分析”页面中的环形饼图使用了与钻取筛选同样的字段“主类别”，因此可以在某个产品分类的区域上单击鼠标右键，选择“钻取”-“产品子类别分析”，页面切换后，将看到与该类别有关的详细数据，见图 4-60。

3）为图表设置“钻取”模式。还可以让钻取操作更加简便。选择用于钻取分析的图表，在“数据/钻取”选项卡中单击“钻取”按钮。设置完成后，使用鼠标左键直接单击图表扇区，即可出现钻取菜单，见图 4-61。

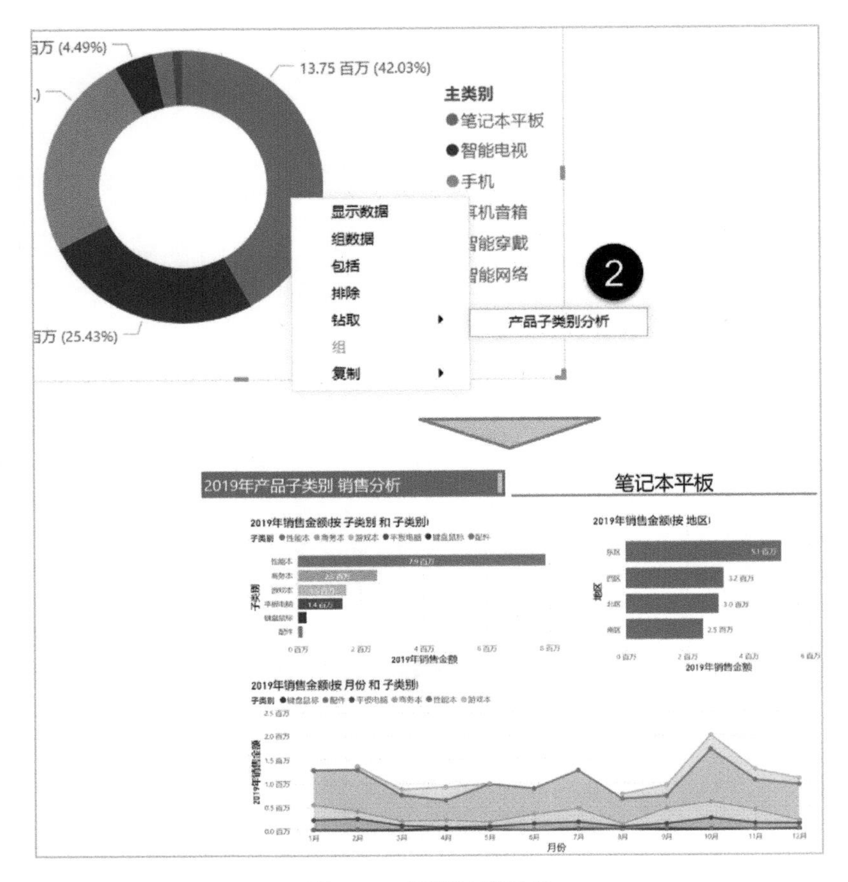

图 4-60 页面钻取示意

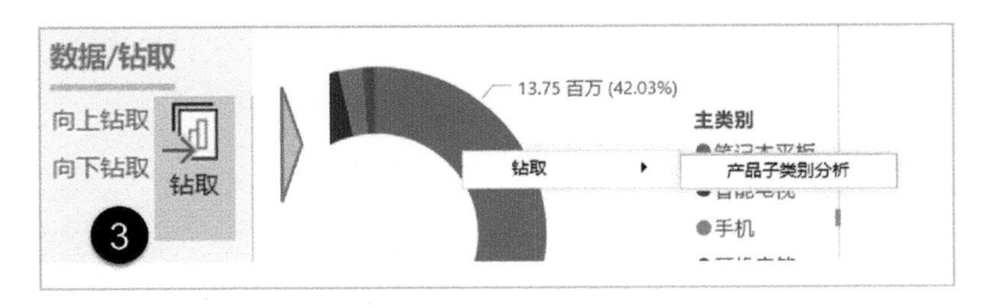

图 4-61 图表的钻取模式

4.2.5 自定义工具提示

当鼠标光标悬停在可视化图表上时，会自动出现工具提示标签，标签中的内容根据图表中的“值”和“工具提示”框中设置的字段显示，见图 4-62。

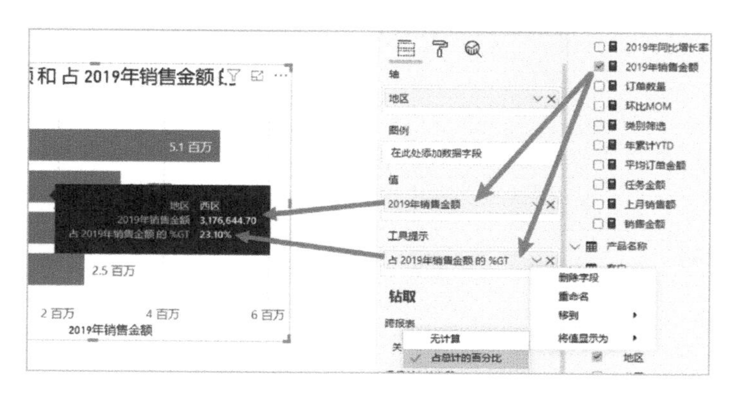

图 4-62　“工具提示”框

在下面的案例中，要为工具提示标签进行自定义设计，提供更丰富的数据分析内容，完成后可以达到图 4-63 的效果。

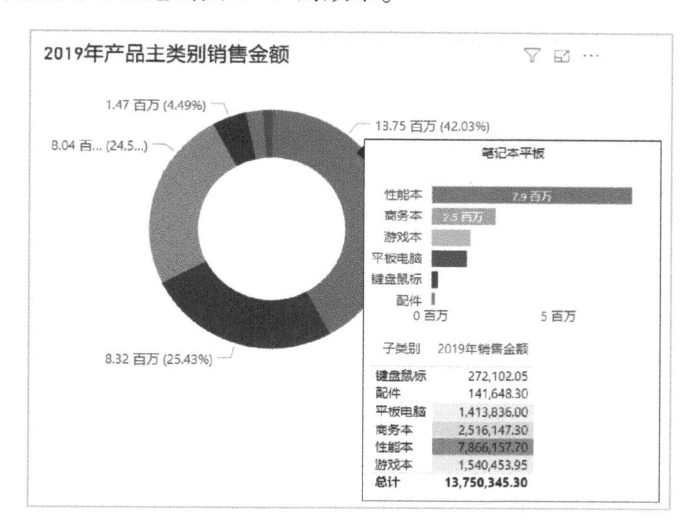

图 4-63　自定义工具标签显示效果

1）设置页面视图。创建新页面，将页面视图更改为“实际大小”。

2）设置页面大小。为了将自定义工具提示显示在一个小标签中，要在可视化窗格中为页面调整大小。在“页面大小”中选择预设的“类型” – “工具提示”，或者自定义宽度、高度大小。本例中设置宽度：280 像素，高度：350 像素。现在报表绘图区域变成较小区域，见图 4-64。

3）创建工具提示页面中的 3 个可视化对象，见图 4-65。

4）更改页面的“名称”为“工具提示 1 产品子类别”；设为页面“工具提示”属性。

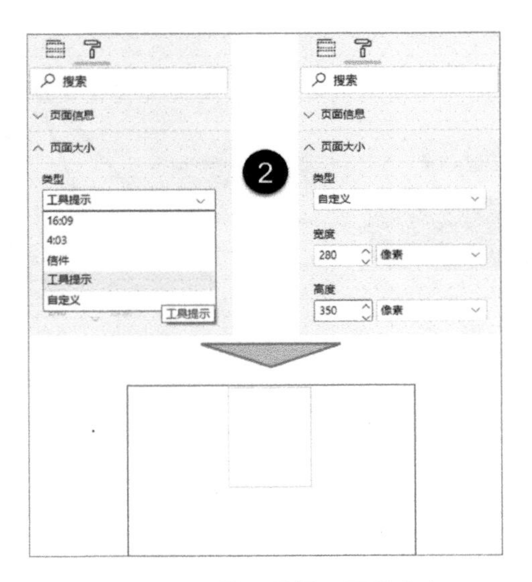

图 4-64　设置工具提示页面大小

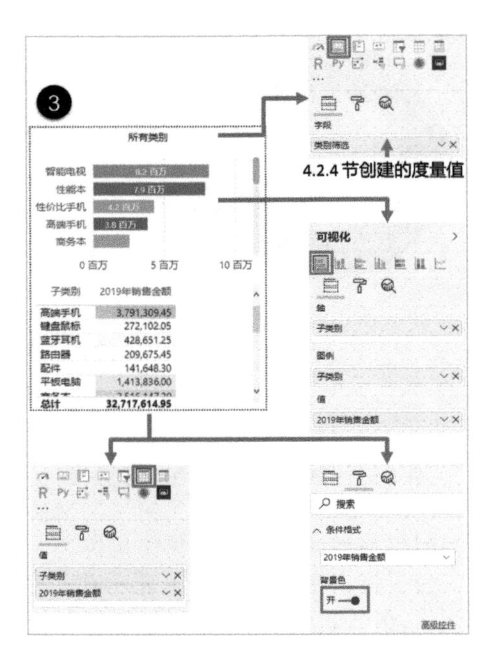

图 4-65　创建工具提示中的 3 个可视化对象

5）应用自定义工具提示。选择“2019 年销售分析”页面中的“2019 年产品主类别销售金额”图表，设置可视化格式，见图 4-66。

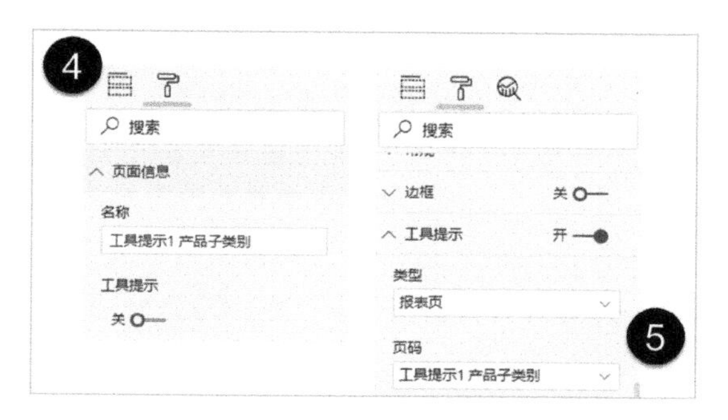

图 4-66　更改页面名称和工具提示内容

4.2.6　探索可视化效果的数据

在查看视觉对象构建的报表过程中，可以随时将图表对应的汇总数据，以表格形式显示，还可以将此类数据以 . xlsx 或 . csv 文件形式导出至 Excel。

1. 显示数据

Power BI 可视化效果是使用数据集中的数据创建的。如果用户对幕后感兴趣，可以使用 Power BI 显示用于创建视觉对象的数据。在用户选择“显示数据”后，Power BI 在可视化效果下方（或旁边）显示数据，见图 4-67。

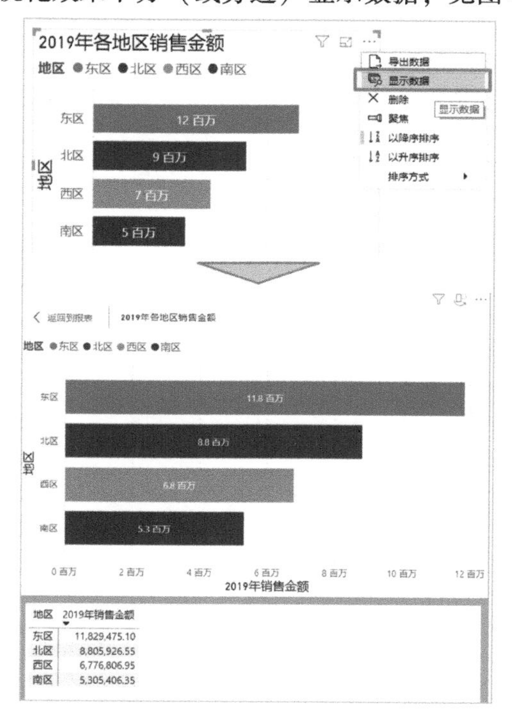

地区	2019年销售金额
东区	11,829,475.10
北区	8,805,926.55
西区	6,776,806.95
南区	5,305,406.35

图 4-67　显示数据示意

2. 导出数据

在 Power BI Desktop 中，只能选择将汇总数据导出为 . csv 文件，可以用 Excel 直接打开这个文件。在 Power BI 在线服务中还可以导出形成汇总结果的基础数据，见图 4-68。

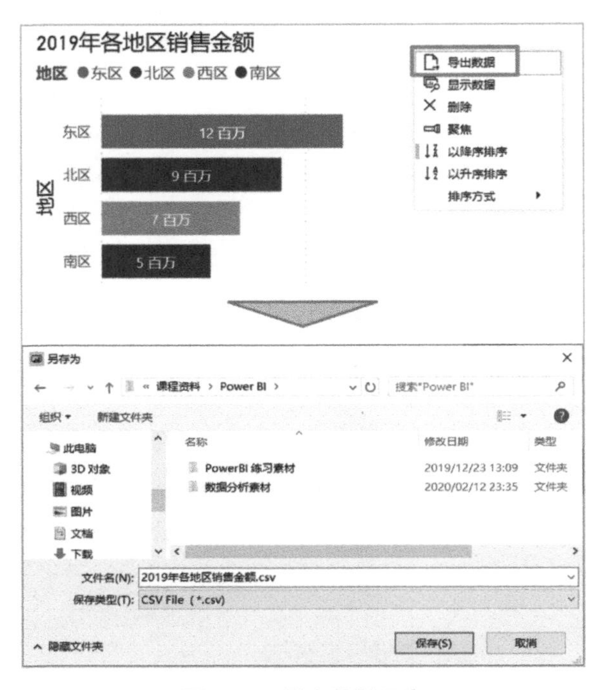

图 4-68　导出数据示意

4.3　其他可视化图表设计

在前面的案例中应用了工作中最常见的横道图、柱形图、折线图、饼图、仪表和卡片图等可视化对象，并且进行了多种格式化设置。下面将介绍散点图、分解树和数据地图等系统自带图表，掌握如何从 Power BI 应用商店下载免费可视化图表。

4.3.1　散点图

散点图始终有两个数值轴可以显示：一组沿水平轴的数值数据，另一组沿垂直轴的数值数据。图表在 x 和 y 数值的交叉处显示点，将这些值单独合并到各个数据点。

散点图展示了两个数值之间的关系。气泡图将数据点替换为气泡，用气泡大小表示附加的第三个数据维度。

下面设计气泡图，分析产品销量、销售金额、均价的分布关系。

1. 准备两个度量值

2019 年产品销量 =CALCULATE（SUM（'订单明细'[数量]），
'日期表'[年度] =" 2019 年"）

2019 年产品均价 = DIVIDE（[2019 年销售金额]，
[2019 年产品销量]）

2. 设计散点图

1）创建散点图，为散点图配置图 4-69 的字段。

图 4-69　配置散点图字段

2）设置类别标签，见图 4-70。

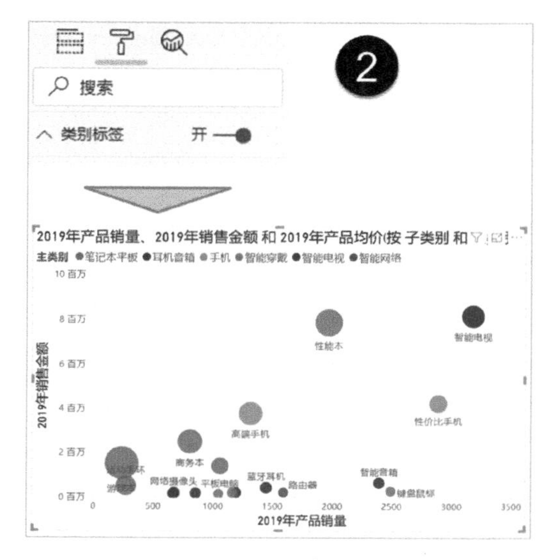

图 4-70　设置类别标签

3）设置播放轴。散点图还可以设置动画播放功能。利用“播放轴”框中添加的日期维度字段，让气泡在不同时间段的位置、大小出现动画变换效果，见图 4-71。

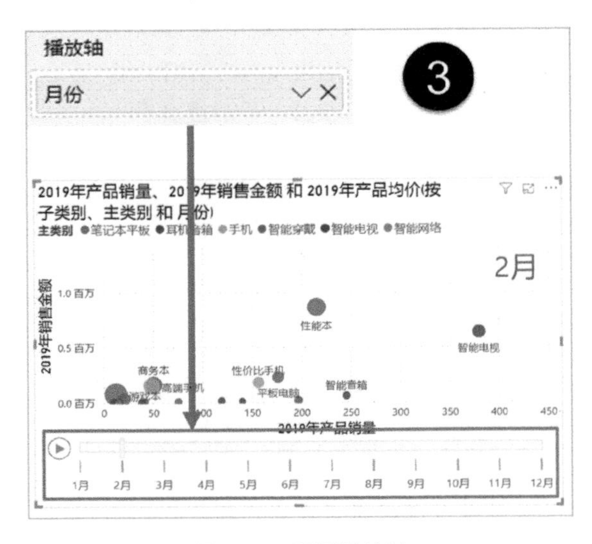

图 4-71　设置播放轴

4.3.2　分解树

通过 Power BI 中的分解树视觉对象，可以在多个维度之间实现数据的可视化。它可自动聚合数据，并按任意顺序向下钻取到各个维度中，根据特定条件向下钻取。这使它成为具体探索和执行根本原因分析的有用工具，见图 4-72 示意。

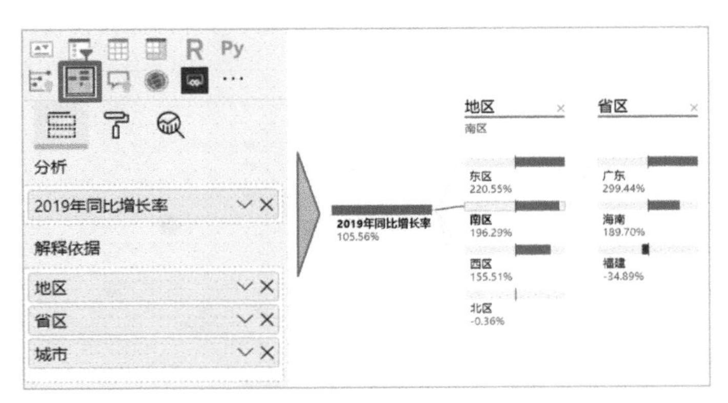

图 4-72　设置分解树

4.3.3 数据地图

Power BI 与必应（Bing）地图集成，提供默认地图坐标（一种称为“地理位置编码”的过程），以便用户可以创建地图。Power BI 会向 Bing 发送创建地图可视化效果所需的地理位置数据，包括“位置”“纬度”和“经度”。

通过下面的方法可以提高地理位置识别的准确度：

1）在 Power BI Desktop 中对地理字段进行分类。可以通过设置数据字段上的“数据类别（“地址”“市”“洲”“国家/地区”“县”“邮政编码”“州”或“省/自治区/直辖市”）”来确保字段进行了正确地理编码。

2）使用多个位置列。如果只有一个“城市”列，Bing 可能会在进行地理位置编码时遇到困难。请添加其他地理位置列，以便可以明确位置。

3）使用特定的纬度和经度。向数据集添加纬度和经度值。这将删除任何不确定的数据并更快地返回结果。这个方法可以定位 Bing 不能识别的地址，例如写字楼、加油站等。

4）将“地点”类别用于具有完整位置信息的列。例如具体的街道门牌号地址。

4.3.4 下载免费可视化对象模板

Power BI Desktop 自带 35 种可视化对象，还支持从应用商店在线导入。在应用商店中提供了几百种可视化对象模板，绝大多数都是免费使用。

使用这个功能的前提是：Power BI 需要先登录在线服务账户。

1. 从应用商店加载可视化对象

1）导入自定义视觉对象，见图 4-73。

图 4-73　从应用商店加载可视化对象

2）导入云文字“Word Cloud”。在搜索框中输入可视化对象名称关键字，如 word，将会出现用户要用到的云文字“Word Cloud”。单击“添加”按钮，稍等片刻，云文字对象就会出现在可视化窗格中，见图 4-74。

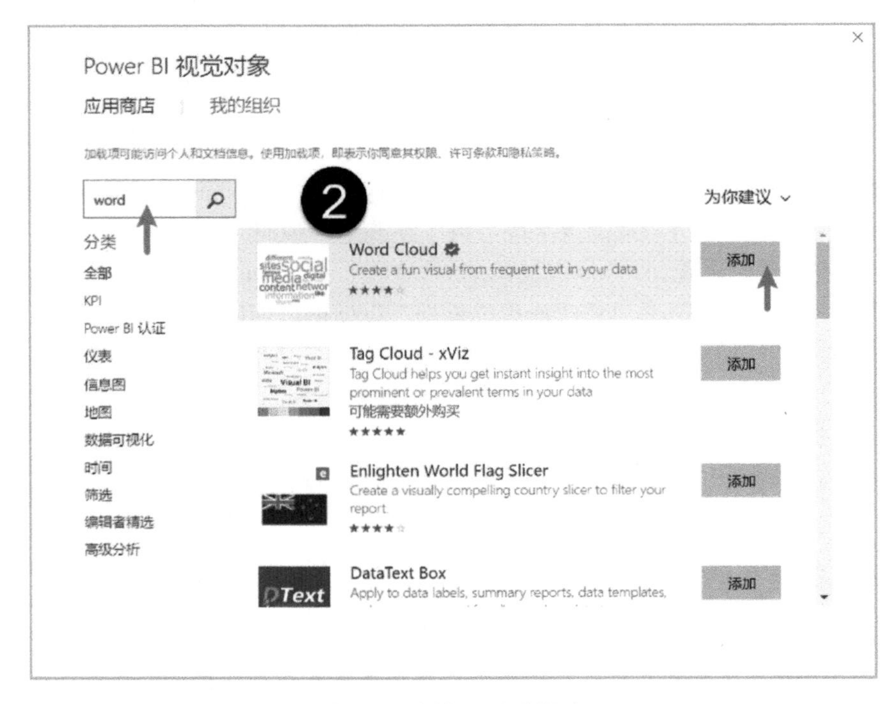

图 4-74　添加云文字图表

3）使用云文字，展示产品销售金额对比。选择刚刚加载的“Word Cloud”对象，将产品“名称”“2019 年销售金额”添加到图表的类别和值中，见图 4-75。

图 4-75　选择云文字图表

4）调整云文字格式，关闭文字旋转选项，图表很快就设计完成了，见图4-76。

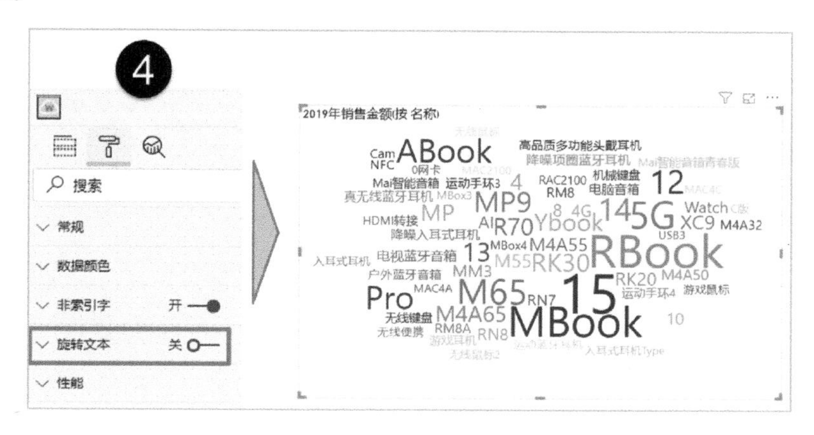

图4-76　云文字图表效果示意

2. 将应用商店可视化图表模板下载到本地

可以直接访问Power BI应用商店的网站，通过浏览器查看各类可视化对象，仔细研究其说明，甚至可以将图表模板保存为本地文件。

1）登录Microsoft App Source网站。

https：//appsource. microsoft. com/zh-cn/marketplace

2）用之前申请的Power BI账户登录网站。

3）选择产品类型。从左边的产品导航中选择Power BI visuals和类型。

4）进入图表详细介绍页面。单击要访问的图表下面的“立即获取”，进入这个可视化图表的详细介绍页面，见图4-77。

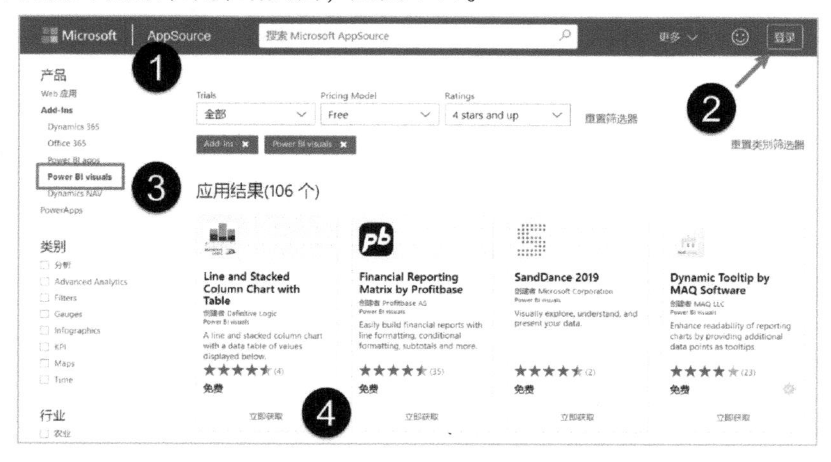

图4-77　进入可视化图表的详细介绍页面

5）下载可视化模板加载项和示例文件，见图 4-78。模板文件的扩展名是 . pbibiz。

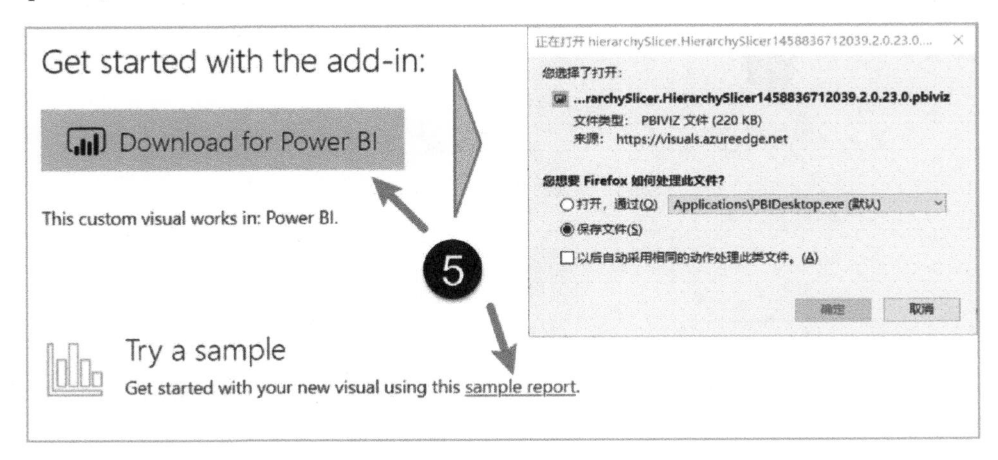

图 4-78　下载可视化模板

6）将可视化模板加载到 Power BI Desktop。在可视化对象窗格的菜单中执行“从文件导入”，将准备好的 . pbix 文件加载到对象窗格中，见图 4-79。

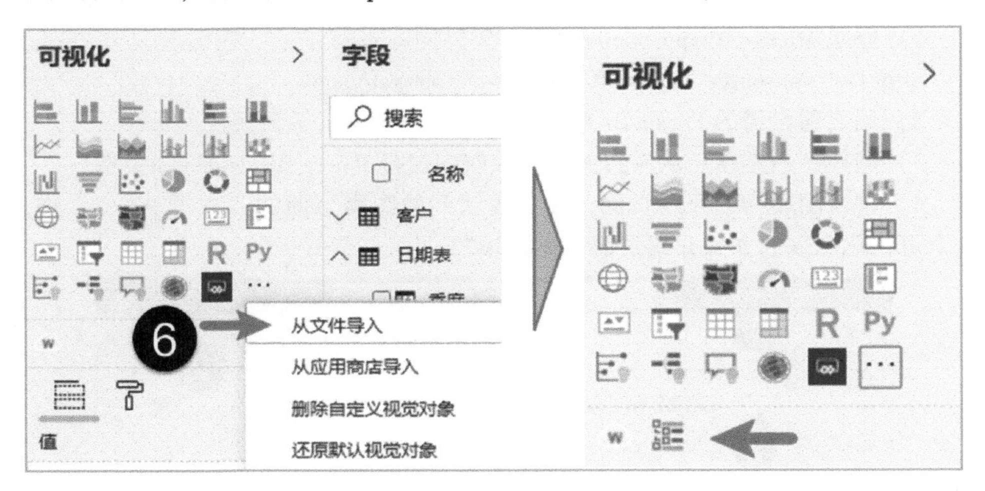

图 4-79　导入可视化模板

以上介绍了两种加载可视化对象的操作，加载后的对象仅在当前文件中存在，如果其他文件希望使用，需要重新加载。

通过这些可视化加载项功能的支持，可以将数据以丰富的可视化效果呈现给用户，满足业务大数据的展现与分析。

4.4　总结

数据可视化分析是应用 Power BI 的目标，本章正式学习了可视化数据图表设计。利用程序自带和应用商店下载可视化图表模板，可以完成数据模型中涉及的各个维度与度量值分析展现，瞬间将海量数据背后隐藏的信息或问题呈现出来，而且可选的展现方式极为丰富，这也是 Power BI 在同类产品中的优势。

除了图表的选择与格式设置，在应用过程中一定要注意筛选器应用范围，报表交互控制设置；仔细分析数据呈现的问题，抓住业绩改善的关键点。

第 5 章 Power BI 在线报表服务

Power BI Online Service 也称为 Power BI 服务。作为企业 BI 报告的统一平台，可以实现报表在线发布、编辑设计、共享等功能，见图 5-1。平台中保存着最新的数据报告更新结果，同时利用集中管理、角色特定的数据保护和行级安全性帮助防止数据丢失；利用云计算、人工智能技术实现快速发现数据分析见解。

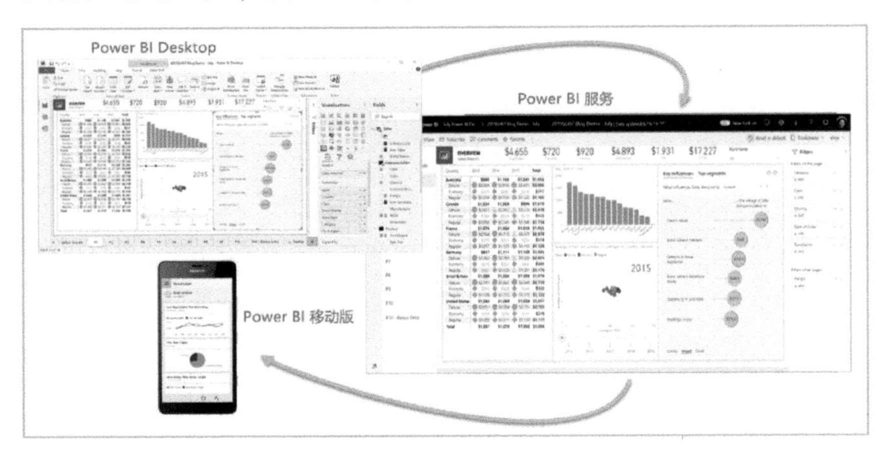

图 5-1　Power BI 三种产品示意

本章知识结构思维导图见图 5-2。

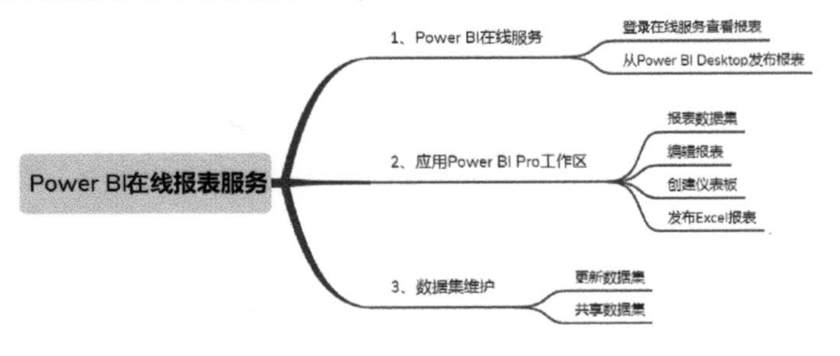

图 5-2　第 5 章知识结构思维导图

5.1　Power BI 在线服务

本章将为读者初步介绍 Power BI 服务的基本功能，实现从 Desktop 客户端发布报表给团队成员。

5.1.1　登录在线服务查看报表

1. 登录 Power BI 服务

在第 1 章中介绍了如何申请 Power BI Pro 在线服务，后来用申请的账号登录了 Power BI Desktop，这一节来访问 Web 版本的在线服务。

1）从 Office 365 门户网站登录，地址为 www. office. com，见图 5-3。

图 5-3　登录 Office 365 网站

2）登录后打开 Office 365 应用菜单，选择所有应用，见图 5-4。

2. 查看报表示例

Power BI 服务为用户提供了丰富的示例，这些示例是非常好的学习资源。用户可以看到专业水平报表的效果。

1）从屏幕左下角选择“获取数据”，选择示例数据中的任意一个，并单击“连接”按钮，见图 5-5。

2）查看示例的报表。展开“我的工作区”选择“报表”下面的内容，见图 5-6。这就是在 Power BI Desktop 中设计的报表将来发布后的显示方式。

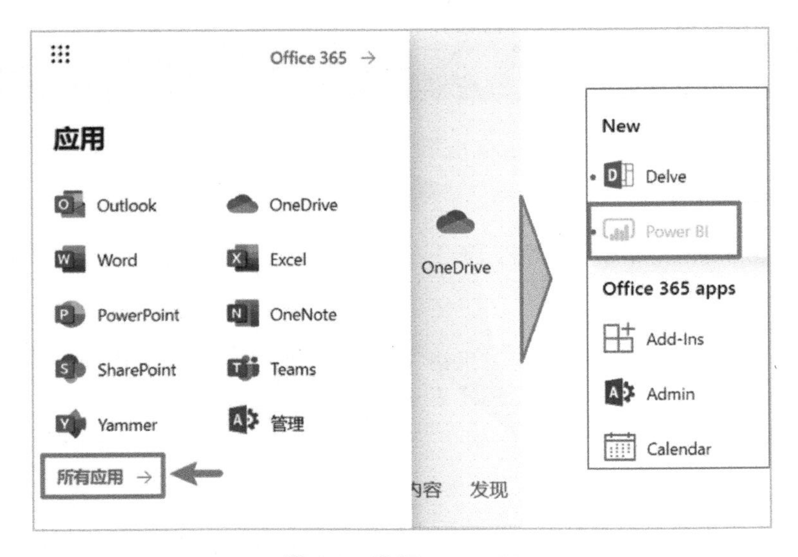

图 5-4　选择 Power BI

图 5-5　获取示例

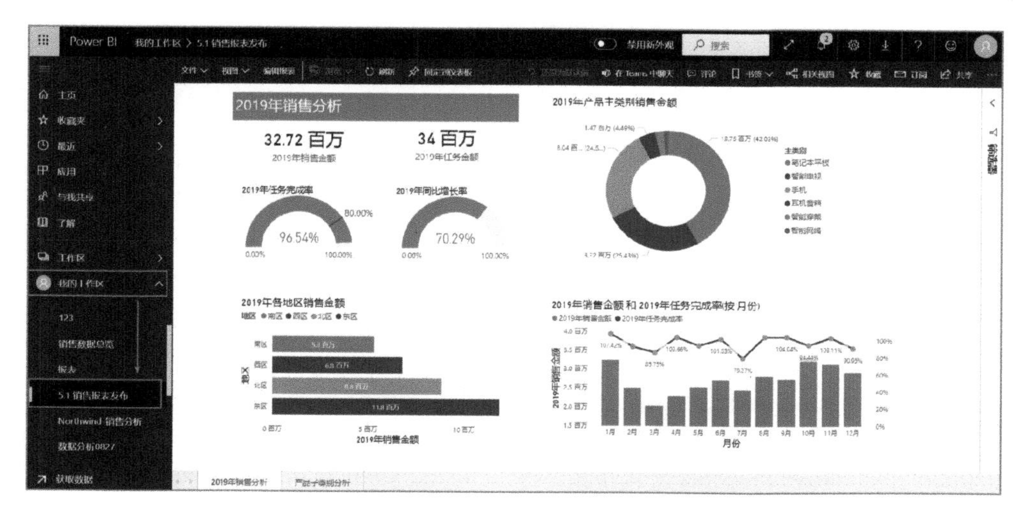

图 5-6　查看示例

3）图形化的数据呈现还可以用“仪表板”呈现，见图 5-7。仪表板是 Power BI 服务平台上支持的报表功能，客户端没有这个项目。它是各个报表中重点图表挑选后的一个集合。单击仪表板页面中的图表链接会返回相关报表。

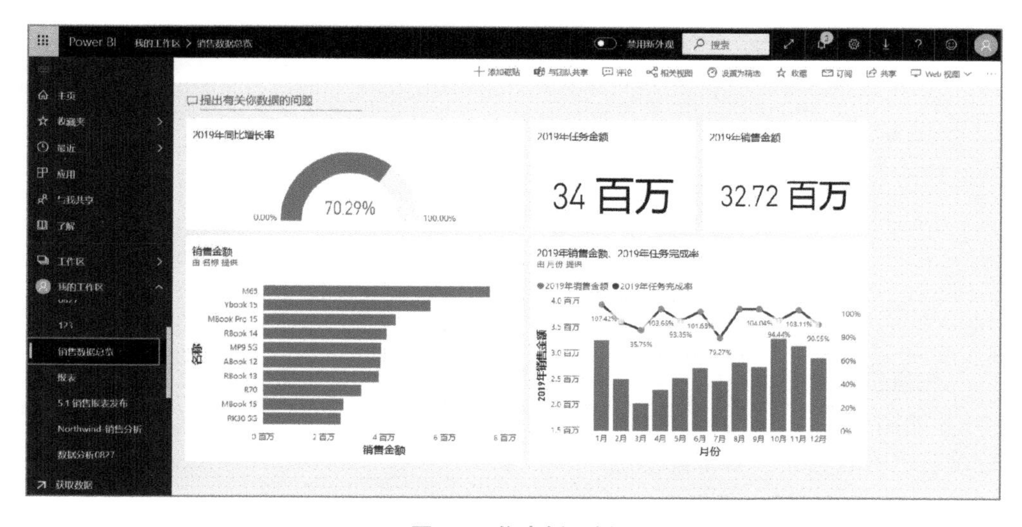

图 5-7　仪表板示例

在“我的工作区”中一套示例数据的报表主要由仪表板、报表、工作簿、数据集四部分组成，后续章节会详细介绍这四个对象的功能。

5.1.2 从 Power BI Desktop 发布报表

下面将设计好的报表发布到在线平台。

1. 准备报表工作区

利用报表工作区可以更加有序地管理发布的报表，灵活地控制共享访问的安全性。这项功能在付费的 Power BI Pro 版本中支持，免费版不支持，前面章节申请的就是付费版的 30 天试用许可。

从左侧导航中选择“工作区”，在出现的菜单中选择“创建工作区”，见图 5-8。

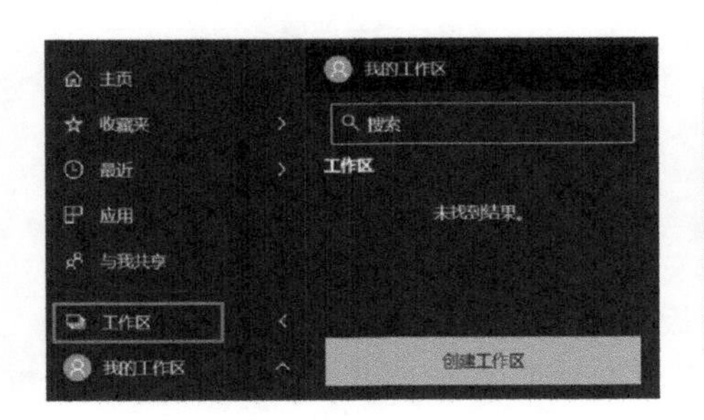

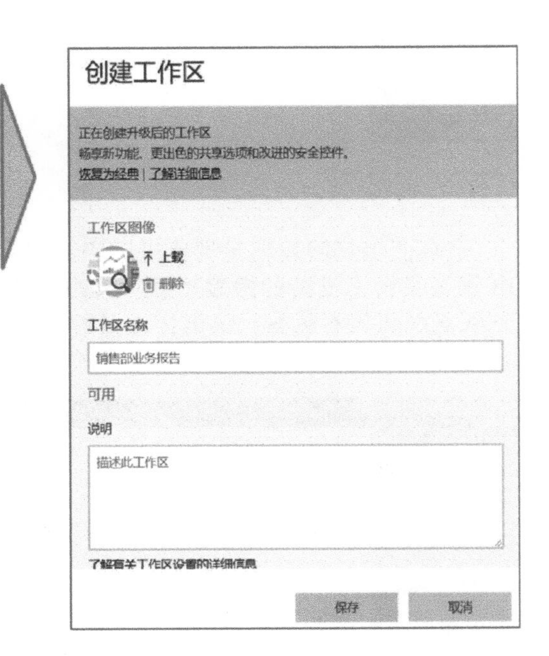

图 5-8 创建工作区

在窗口右侧的创建工作区窗格中填写工作区名称，还可以选择上传小于 45KB 的图片文件，作为工作区标志。将来还可以添加用户到这个工作区，相关成员可以查看报表、共享数据源。

2. 从客户端发布报表

1）用 Power BI Desktop 打开案例“5.1 销售报表发布 . pbix”文件，并且确认桌面端程序已经登录准备好的账号。

2）单击“主页”选项卡中的“发布”按钮，选择前面准备好的工作区，见图 5-9。

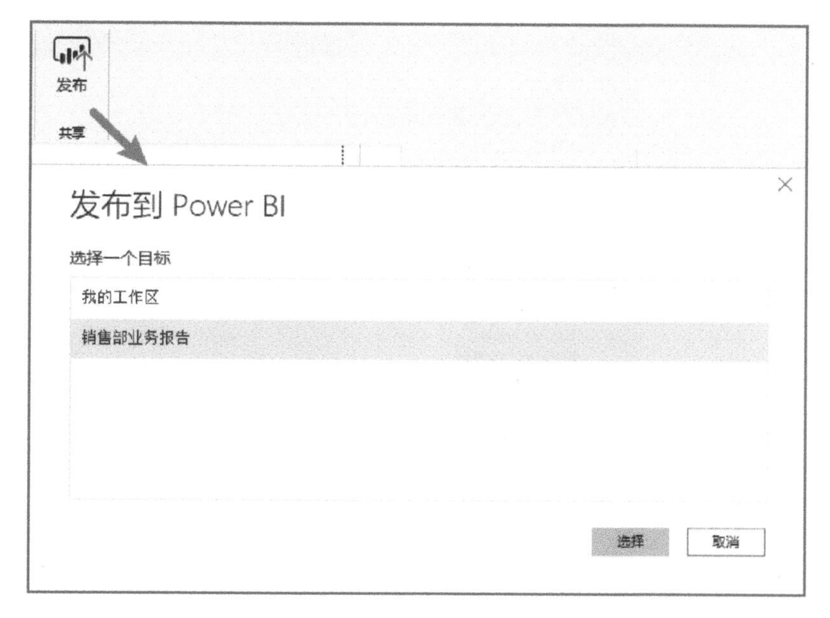

图 5-9　发布报表示意 1

3）选择工作区后，等待发布工作完成。成功发布后会出现发布到 Power BI 成功提示。单击“在 Power BI 中打开……”可以直接访问部门工作区 Web 站点，查看报表，见图 5-10 和图 5-11。

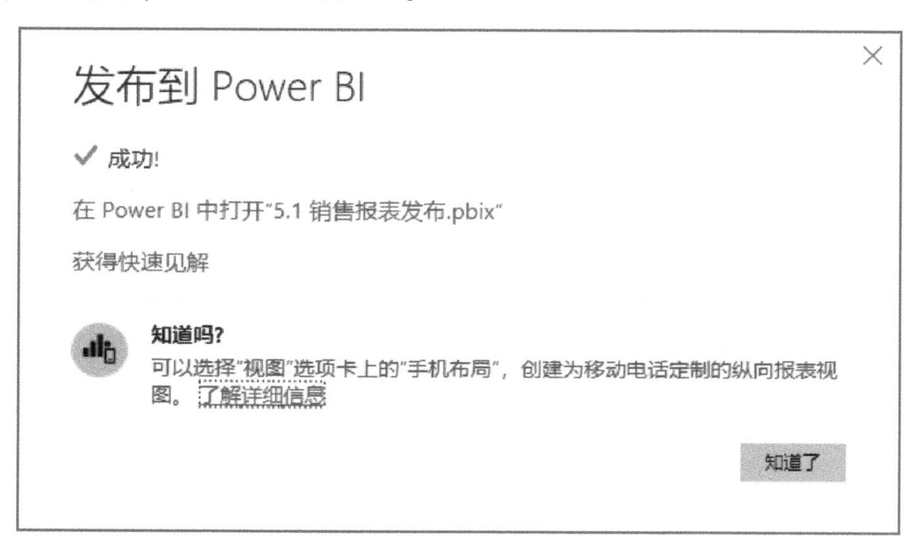

图 5-10　发布报表示意 2

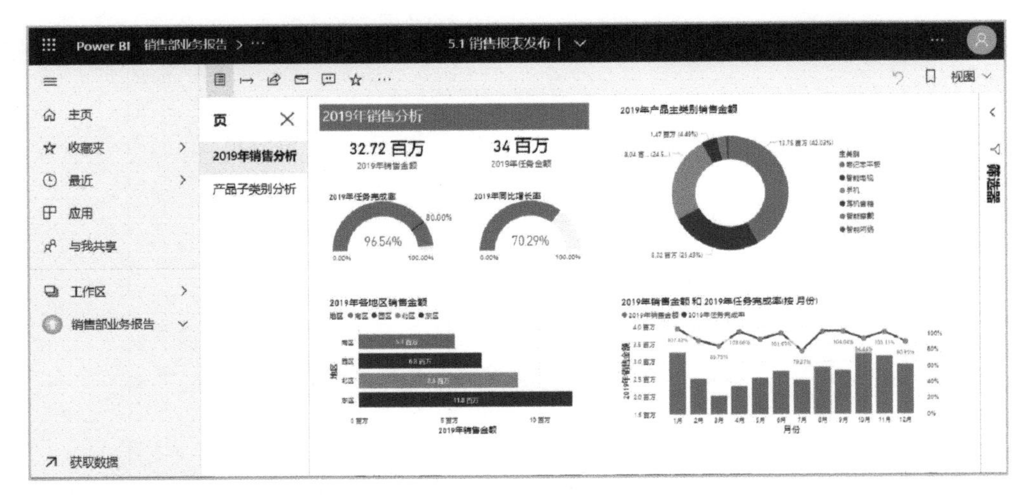

图 5-11　发布报表示意 3

5.2　应用 Power BI Pro 工作区

Power BI Pro 在一个专门创建的工作区中，包含五项内容：仪表板、报表、Excel 工作簿、数据集、数据流，见图 5-12。免费版不能创建自定义工作区，不包含“数据流”功能模块。选择工作区标题后，在窗口中会出现工作区中的所有资源。本节将介绍前 4 项组件的功能。

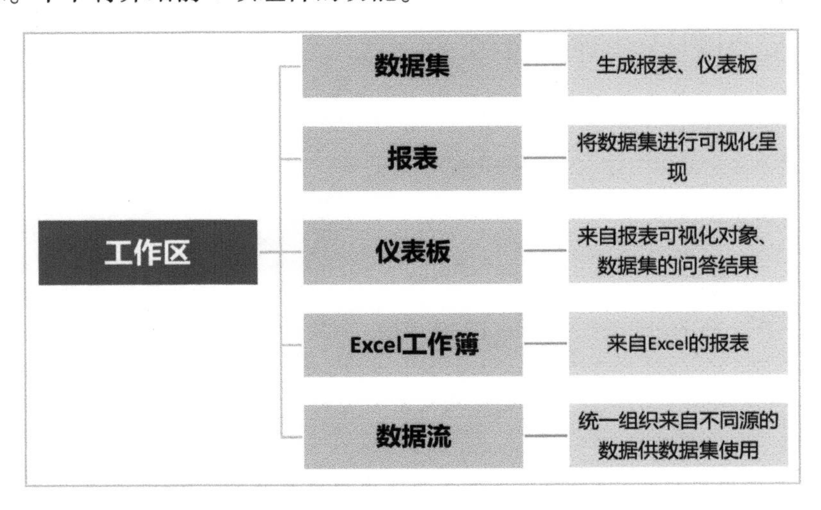

图 5-12　工作区的组成

5.2.1　报表数据集

Power BI 服务中的数据集是导入或连接到的数据集合。通过 Power BI，可以连接并导入各种类型的数据集并将它们组合在一起。通常就是前面章节所说的数据模型，包括数据、表关系、计算项目；从 Power BI 服务角度而言，它是指数据集；从开发角度而言，它是指模型。

如图 5-13 所示，当成功从 Power BI Desktop 发布报表后，就可以看到数据集中项目。工作区中的报表、仪表板都是以数据集作为基础的，当删除了数据集后，报表会自动删除。

数据集提供了安全的管理模式。

- 用户可以使用字段、度量值。
- 不能查看数据表、关系、编辑度量值。

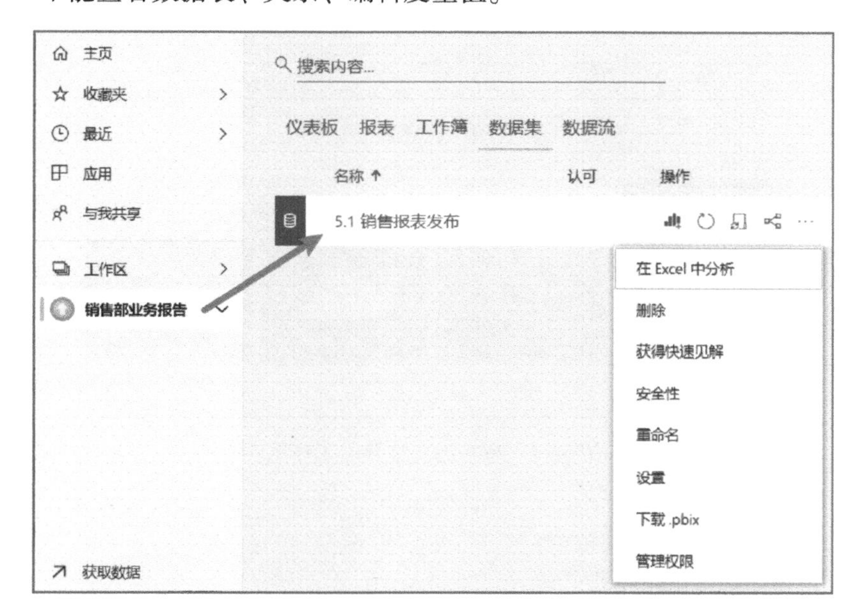

图 5-13　数据集示意

在工作区中除了发布报表导入了数据集，还可以直接添加数据集。

1）选择工作区中的“创建” – “数据集”，出现获取数据窗口。在“新建内容”区域中包括文件、数据库、数据流 3 种类型，见图 5-14。

2）获取本地文件。这里还是选择 Excel 文件，案例“5. 2 2020 年销售数据 . xlsx “已经利用 Power Pivot 创建好了数据模型，将其导入到工作区，见图 5-15。

3）选择连接到 Excel 工作簿的方式，见图 5-16。

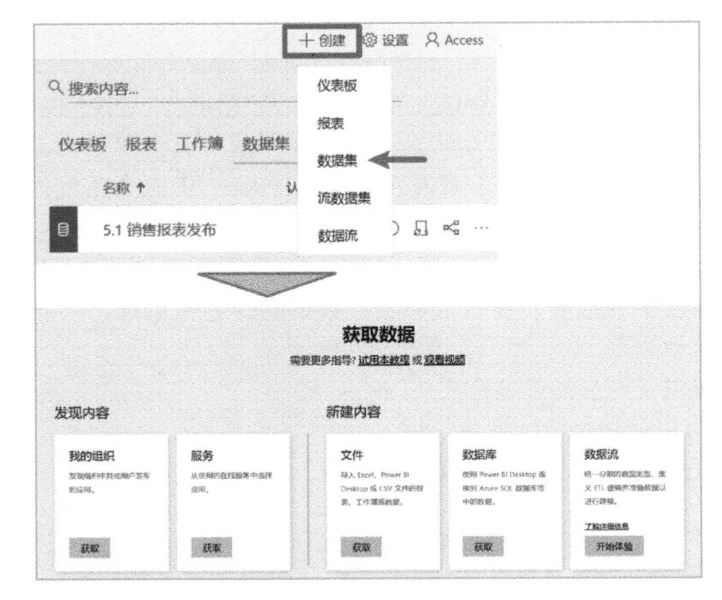

图 5-14　创建数据集

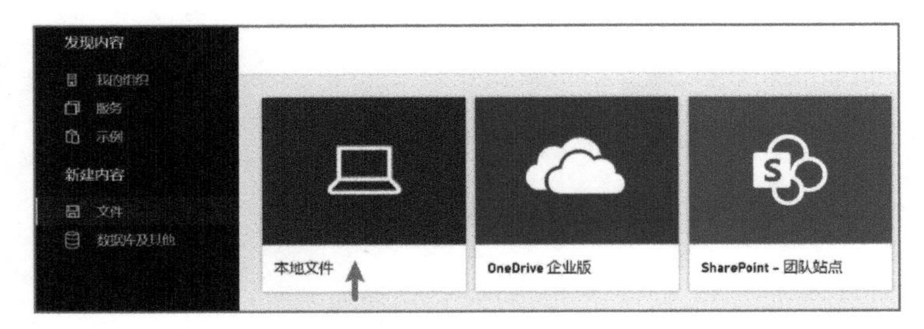

图 5-15　将本地文件导入工作区

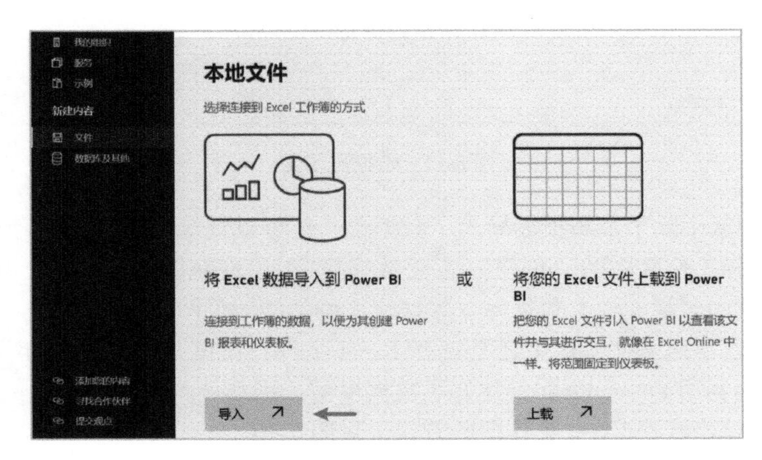

图 5-16　选择连接到 Excel 工作簿的方式

4）查看数据集新增内容。在完成导入后，会自动同步创建一个空白仪表板，暂时不用理会这个内容。切换到数据集，查看新增内容，见图 5-17。

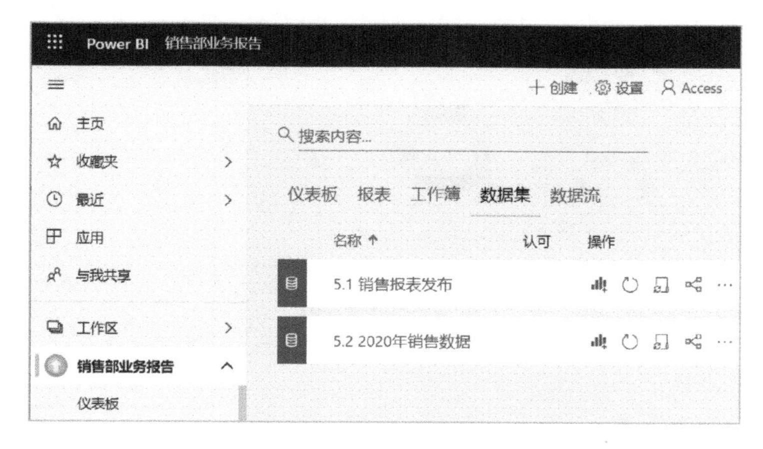

图 5-17　查看数据集

5.2.2　编辑报表

报表发布后最重要的成果是可以在线查看、编辑报表。下面介绍报表的这些在线操作。

1. 编辑现有报表

1）打开工作区中的报表。选择顶部菜单中省略号中的“编辑”命令，见图 5-18。

图 5-18　编辑报表

2）利用菜单、可视化对象、字段列表进行报表编辑，见图 5-19。

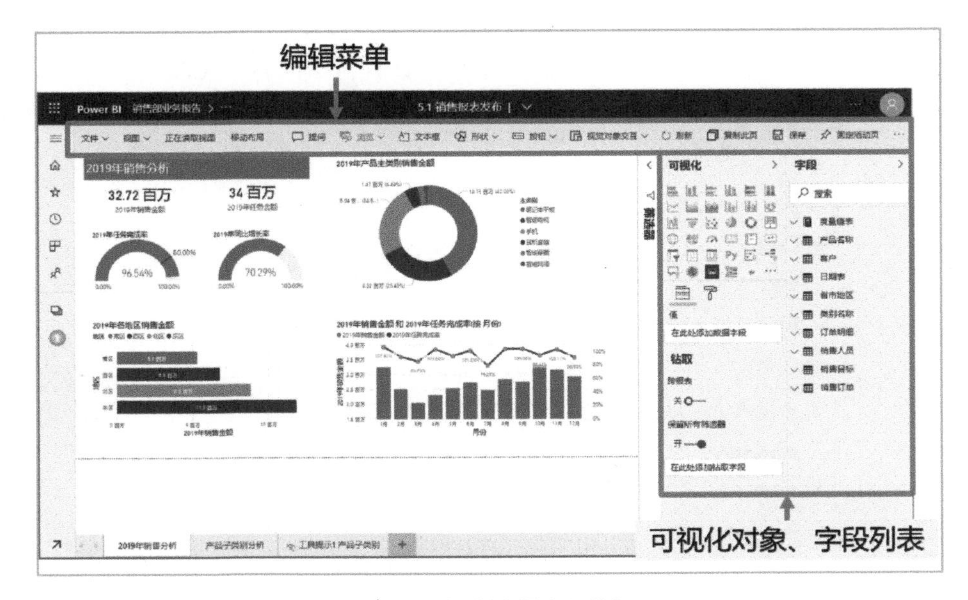

图 5-19　报表编辑主要按钮

3）编辑过程中注意保存修改结果，见图 5-20。

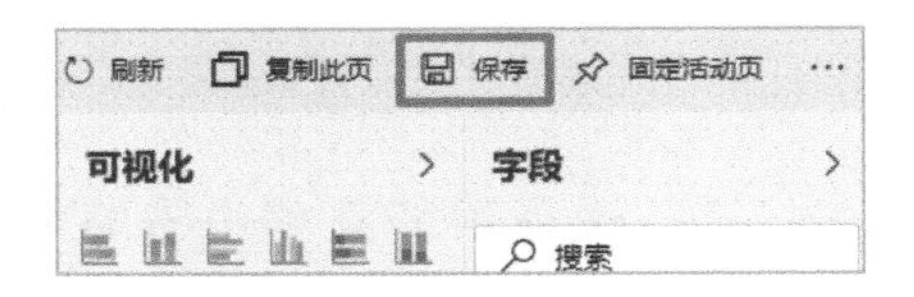

图 5-20　保存按钮

4）返回报表浏览状态。编辑完报表后，单击“正在读取视图”按钮，见图 5-21，在接下来的对话框中确认修改内容的保存。

图 5-21　“正在读取视图”按钮

2. 创建新报表

对于不同用户对报表的需求也会有区别，需要创建新的报表。在线创建方法如下：

单击工作区标题，选择“创建” - “报表”，在对话框中选择数据集，单击“创建”按钮，见图 5-22。

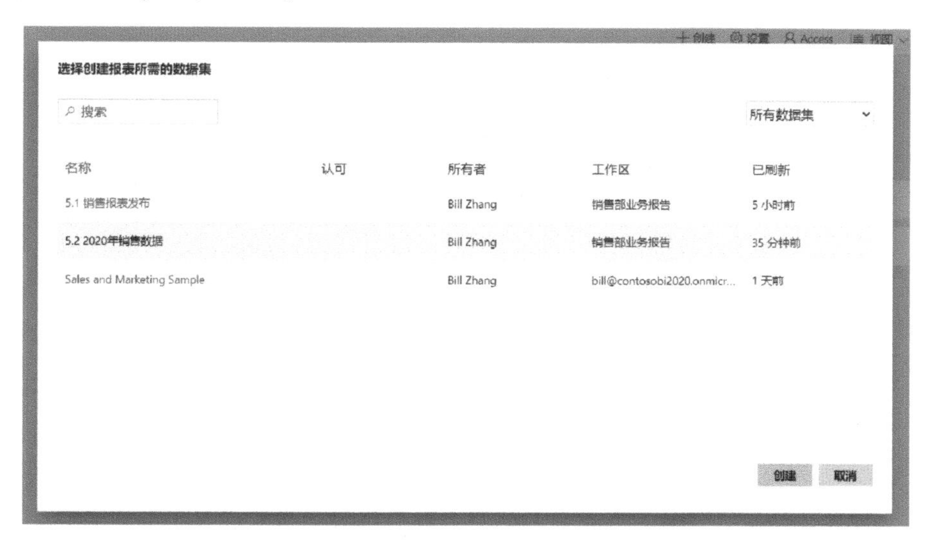

图 5-22 创建报表

创建报表后，出现空白页面。利用 Power BI Desktop 中的方法完成所需图表的创建、格式调整。

3. 导出报表

很多用户使用 Power BI 时，非常关心如何把图表导出到 PPT 文件。Power BI 服务提供了这项功能。

在报表页面浏览状态时，选择“导出” - “PowerPoint”，见图 5-23。

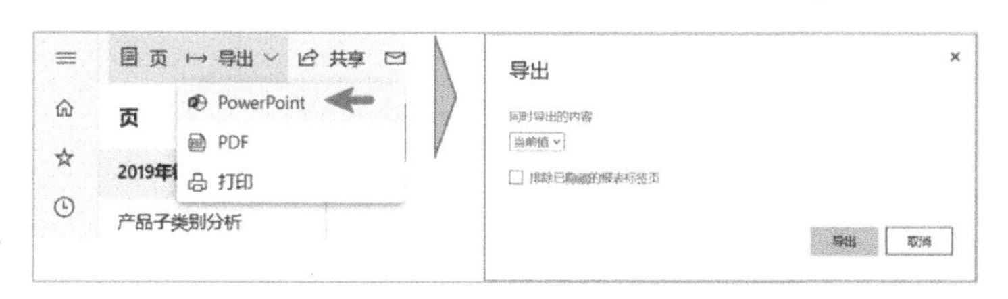

图 5-23 导出报表

这里还可以选择导出到 PDF。但是 PPT、PDF 都是以静态图片形式导出，如果要实现交互展示，必须通过发布报表到在线平台才能实现。

5.2.3 创建仪表板

Power BI “仪表板”是通过可视化效果讲述故事的单个页面，常被称为画布。因为它被限制为一页，设计精良的仪表板仅包含该故事的亮点。用户可从仪表板连接到相关报表了解详细信息。

1. 创建空白仪表板

在工作区中单击工具栏中的“创建”，在菜单中选择“仪表板”，见图 5-24。

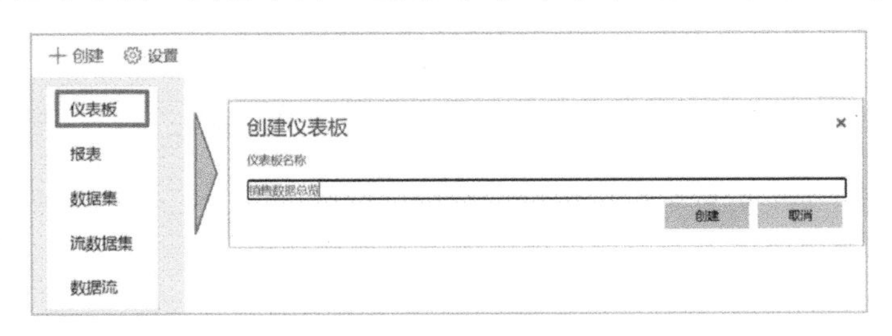

图 5-24　创建仪表板

2. 添加仪表板磁贴

选择报表页面，在可视化图表上悬停鼠标光标，出现“固定视觉对象”图钉图标。这时会出现“固定到仪表板”对话框，选择已经准备好的仪表板，见图 5-25。

利用此方法，将各个报表中需要的图表继续添加到仪表板中。

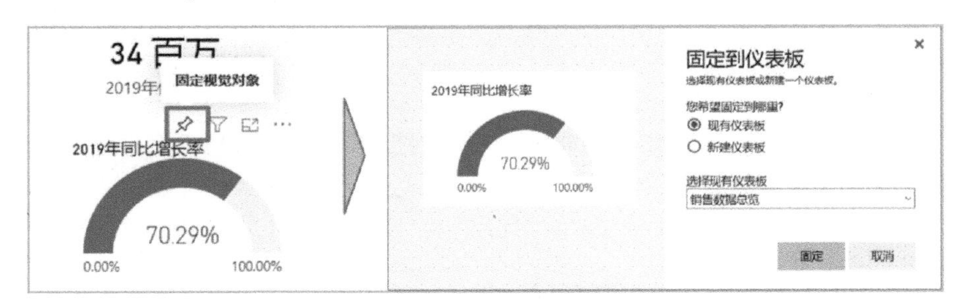

图 5-25　添加磁贴

3. 调整仪表板磁贴

打开经过定义的仪表板，调整仪表板中磁贴的布局与大小，见图 5-26。

4. 向仪表板提出问题

仪表板提供从用户的数据中获得答案的最快方法——自然语言提问。使用 Power BI 中的问答功能可以按自己的措辞浏览数据。在 Power BI 服务中，由于仪表板包含从一个或多个数据集固定的磁贴，因此可以就其中任一数据集中的任何数据提问。

Power BI 问答的提问框位于仪表板的左上角，这就是用户使用自然语言键入问题的地方，见图 5-27。

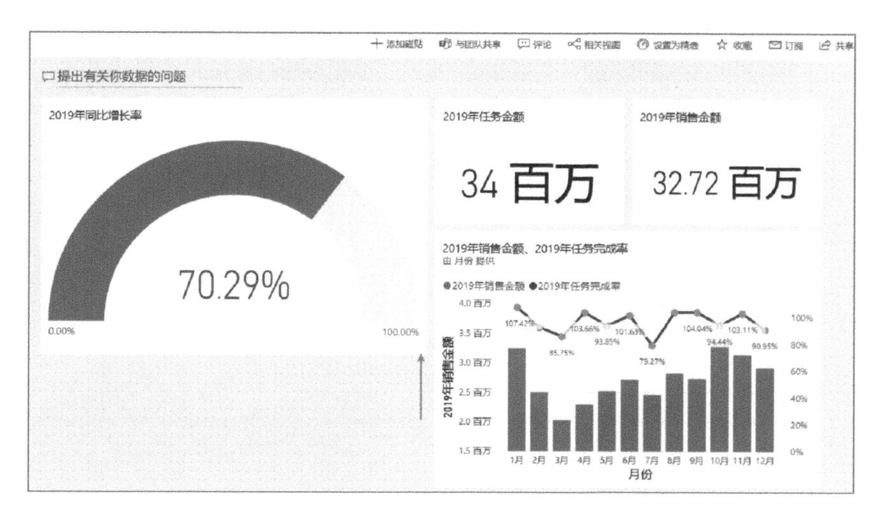

图 5-26　调整磁贴

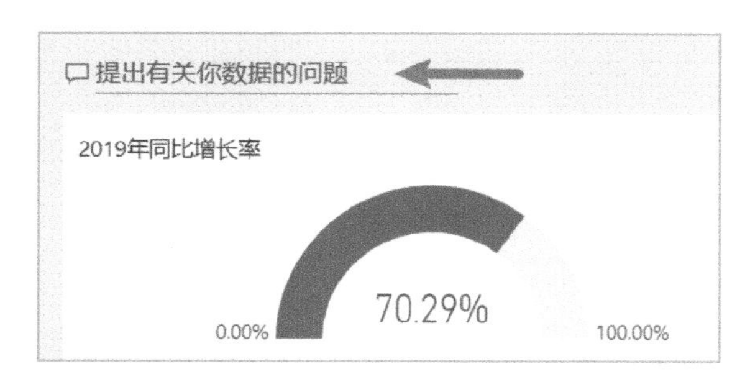

图 5-27　向仪表板提问的位置

在开始键入前，“问答”会显示新的屏幕，上面有帮助用户提问的一些建议。用户会看到包含基础数据集中的表名称的短语和问题，甚至还会看到由数据集所有者创建的特别推荐问题。

可以选择其中任意一个问题，将其添加到问题框中，然后优化问题，以找到具体答案，见图 5-28。

可以模仿上面的示例，完成想查看的问题，例如“2019 年销售金额排名前 10 位的产品”可以输入：2019 年销售金额 top10 名称，见图 5-29。

用户在问答中键入的字词常会带上红色下划线，这是提示用户关键字不能清晰识别，主要有以下两种情况：

情况 1：关键字是模糊或不明确的单词，则字段将带上红色下划线。例如“位置”一词。可能有多个字段包含“位置”一词，因此系统使用红色下划线来提示用户选择所指的字段。

图 5-28　优化问题，以找到具体答案

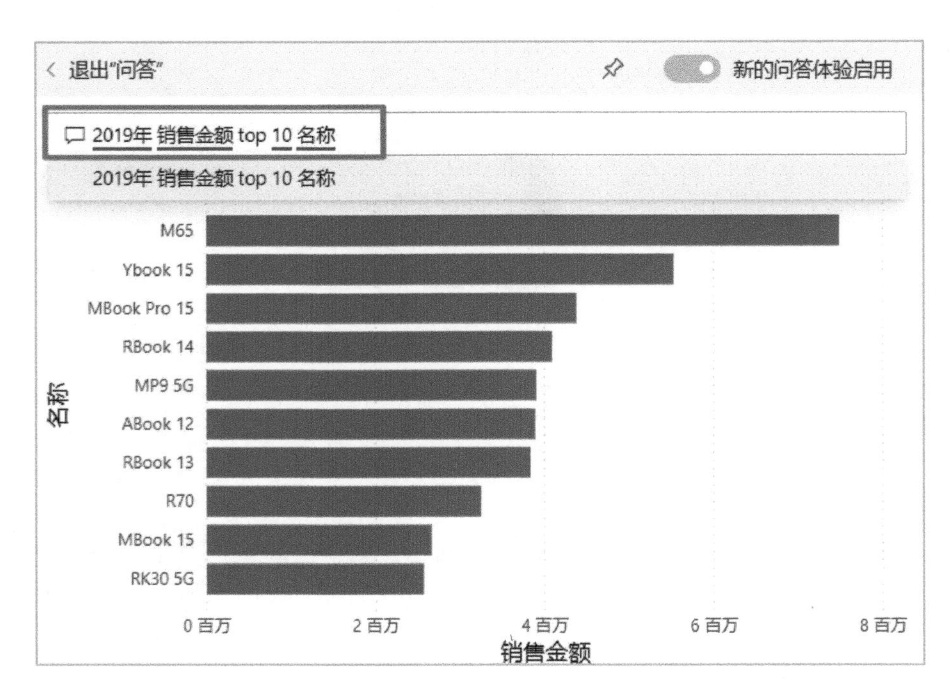

图 5-29　向仪表板提问示意

情况 2：问答工具无法识别该词，见图 5-30。

图 5-30　问题智能识别

问答完成后生成的图表还可以直接固定在仪表板上，单击图 5-29 的图钉就可完成添加，效果见图 5-31。

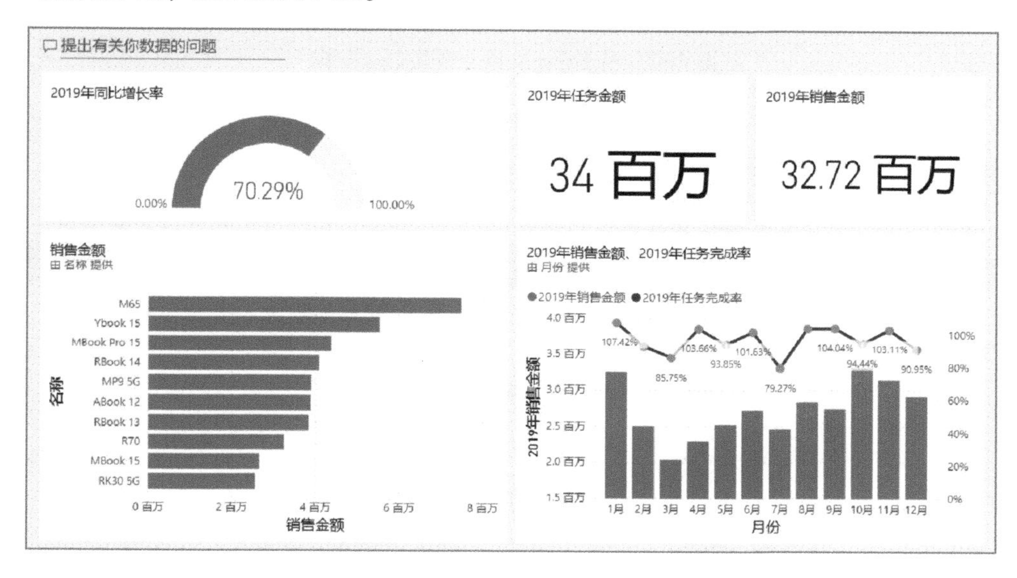

图 5-31　固定图表

5.2.4　发布 Excel 报表

工作区中第 4 个组件是“工作簿”。它的作用是将 Excel 报表发布到工作区。这项功能可以将 Excel 中的函数统计表、数据透视表、图表呈现在工作区中，作为 Power BI 报表的补充。

1）获取本地 Excel 文件。与添加数据集的方法相同，单击工作区标题，选择“创建”—“数据集”，在获取数据页面中选择“文件”—“获取”，在接下来的页面中选择“本地文件”。

2）选择连接到 Excel 工作簿的方式：将用户的 Excel 文件上载到 Power BI。这种方式可以将 Excel 报表基于 Office 365 的 Excel Online 技术，以在线形式查看，并与其进行交互，见图 5-32。

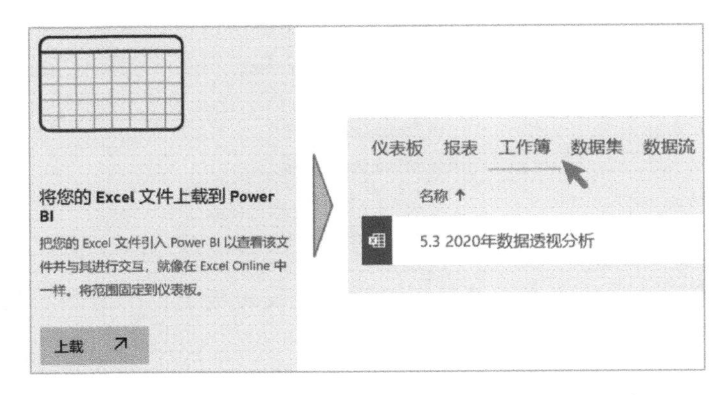

图 5-32　将 Excel 文件上载到 Power BI

上载完成后，可以在工作区的“工作簿”下面找到 Excel 报表。报表中的透视表、切片器互动操作都可以进行，见图 5-33。同时，数据集中也增加了新的内容。

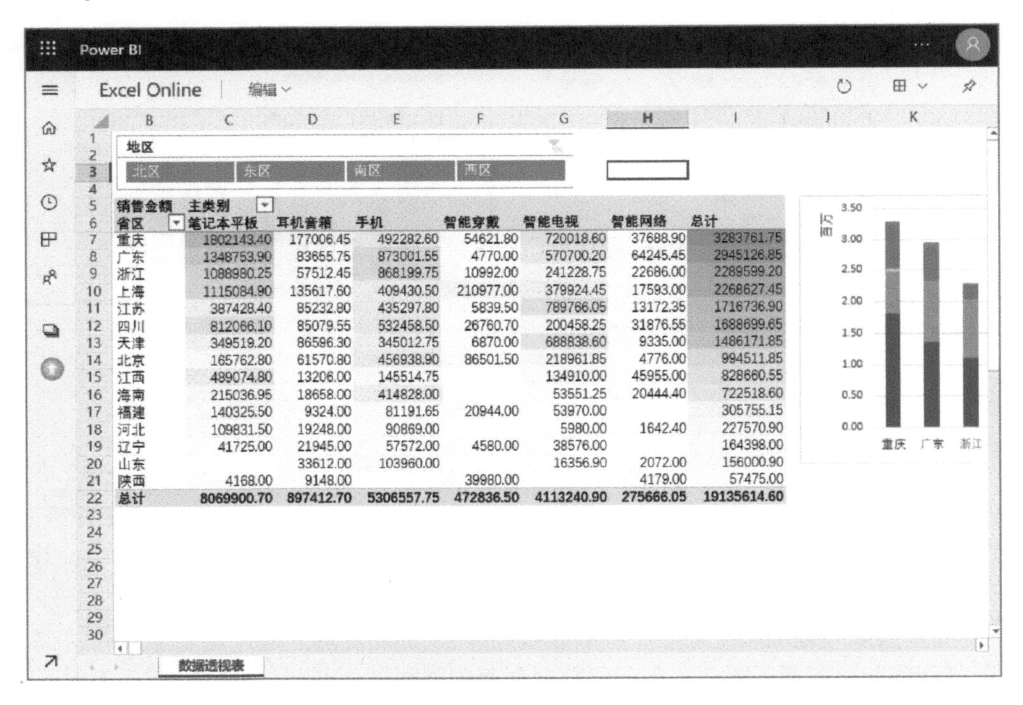

销售金额 省区	主类别 笔记本平板	耳机音箱	手机	智能穿戴	智能电视	智能网络	总计
重庆	1802143.40	177006.45	492282.60	54621.80	720018.60	37688.90	3283761.75
广东	1348753.90	83655.75	873001.55	4770.00	570700.20	64245.45	2945126.85
浙江	1088980.25	57512.45	868199.75	10992.00	241228.75	22686.00	2289599.20
上海	1115084.90	135617.60	409430.50	210977.00	379924.45	17593.00	2268627.45
江苏	387428.40	85232.80	435297.80	5839.50	789766.05	13172.35	1716736.90
四川	812066.10	85079.55	532458.50	26760.70	200458.25	31876.55	1688699.65
天津	349519.20	86596.30	345012.75	6870.00	688838.60	9335.00	1486171.85
北京	165762.80	61570.80	456938.90	86501.50	218961.85	4776.00	994511.85
江西	489074.80	13206.00	145514.75		134910.00	45955.00	828660.55
海南	215036.95	18658.00	414828.00		53551.25	20444.40	722518.60
福建	140325.50	9324.00	81191.65	20944.00	53970.00		305755.15
河北	109831.50	19248.00	90869.00		5980.00	1642.40	227570.90
辽宁	41725.00	21945.00	57572.00	4580.00	38576.00		164398.00
山东		33612.00	103960.00		16356.90	2072.00	156000.90
陕西	4168.00	9148.00		39980.00		4179.00	57475.00
总计	8069900.70	897412.70	5306557.75	472836.50	4113240.90	275666.05	19135614.60

图 5-33　在线查看 Excel 文件

3）将 Excel 中的图表对象添加到仪表板。当用户在报表中完成数据分析操作后，可以将图表结果固定到仪表板上，见图 5-34。

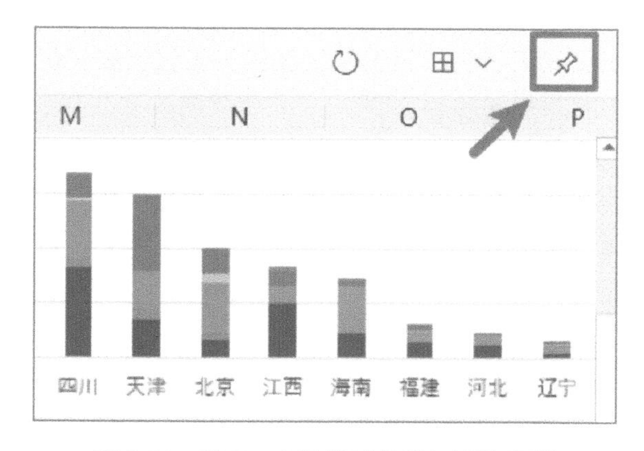

图 5-34　将 Excel 图表对象添加到仪表板

5.3　数据集维护

Power BI 的数据集需要管理维护，主要涉及数据集的更新和共享。

5.3.1　更新数据集

在前面章节重点介绍了工作区中数据集与报表之间的关系。本节重点介绍如何维护数据集与数据源的同步更新。

1. Power BI 服务数据访问方案

数据集访问数据主要有三种方案，见图 5-35。

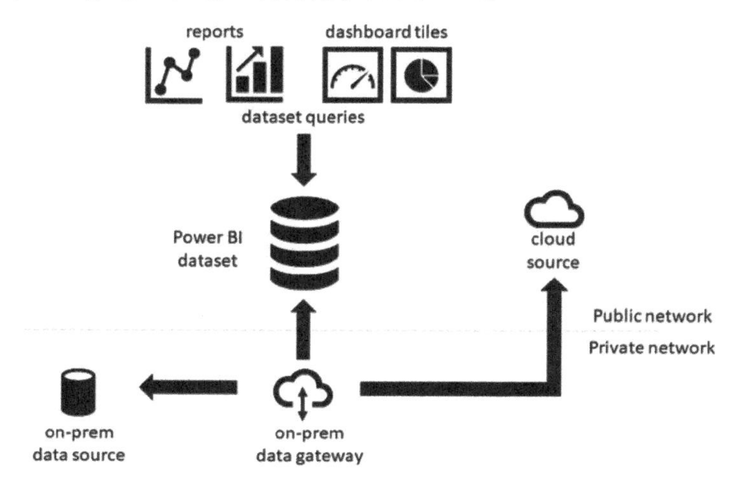

图 5-35　Power BI 三种数据访问方案

- 数据集使用驻留在本地的数据源

选择具有所需数据源定义的企业数据网关，或部署个人数据网关。

- 数据集使用云中的数据源

数据集不需要数据网关。使用数据集设置中的“数据源凭据”部分来管理这些数据源的配置。

- 数据集使用来自本地源和云源的数据

必须使用网关来访问云数据源。

2. 本地数据网关

网关在 Power BI 服务与本地数据源之间充当桥梁作用，它提供了本地数据（不在云中的数据）和多个 Microsoft 云服务之间的快速安全数据传输。这些服务包括 Power BI、PowerApps、Microsoft Flow、Azure Analysis Services、Azure Logic Apps，其基本工作原理见图 5-36。

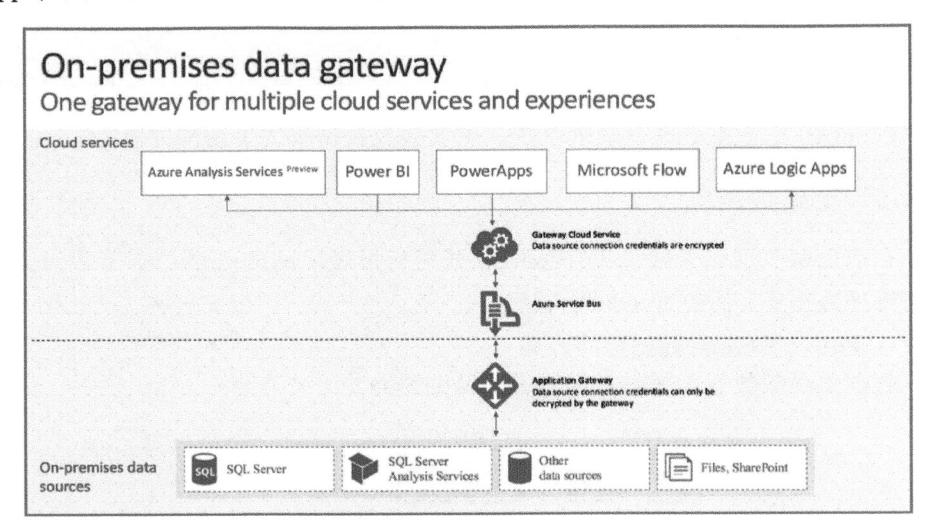

图 5-36　数据网关工作原理

数据网关工作过程：

1）云服务创建一个对用户本地数据源查询的加密凭据。查询和凭据将发送到网关队列进行处理。

2）网关云服务将分析该查询，并将请求推送到 Azure 服务总线。

3）Azure 服务总线会将挂起的请求发送到网关。

4）网关获取查询，对凭据进行解密，并连接到一个或多个具有这些凭据的数据源。

5）网关将查询请求发送到要运行的数据源。

6）结果将从数据源返回到网关，然后发送到云服务。云服务将使用该结果。

3. 安装个人网关

Power BI 服务网关包括企业级、个人级两类。下面看看如何安装个人网关。

1）下载网关。在 Power BI 服务顶端工具选择“下载” – “数据网关”，可以在页面底部选择语言“中文（简体）”，直接单击“下载网关”，见图 5-37。

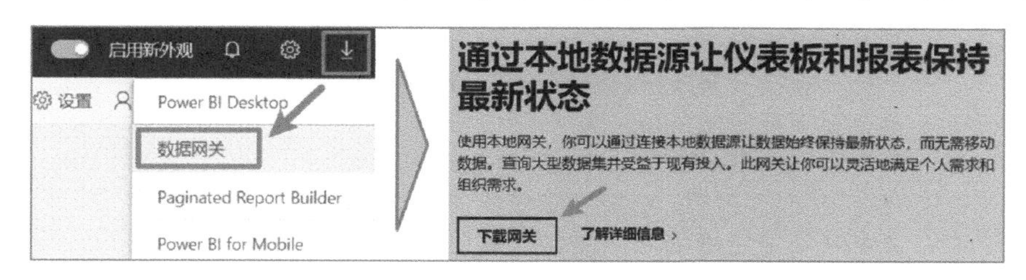

图 5-37　下载数据网关

2）运行网关安装程序。个人网关需要在保存数据源的计算机上安装。安装过程按照向导提示进行，网关类型选择“On – premises data gateway（personal mode)”，见图 5-38。安装过程中如果计算机上安装有第三方“安全管家”工具，可能会有风险提示，请忽略这类信息，放心安装即可。

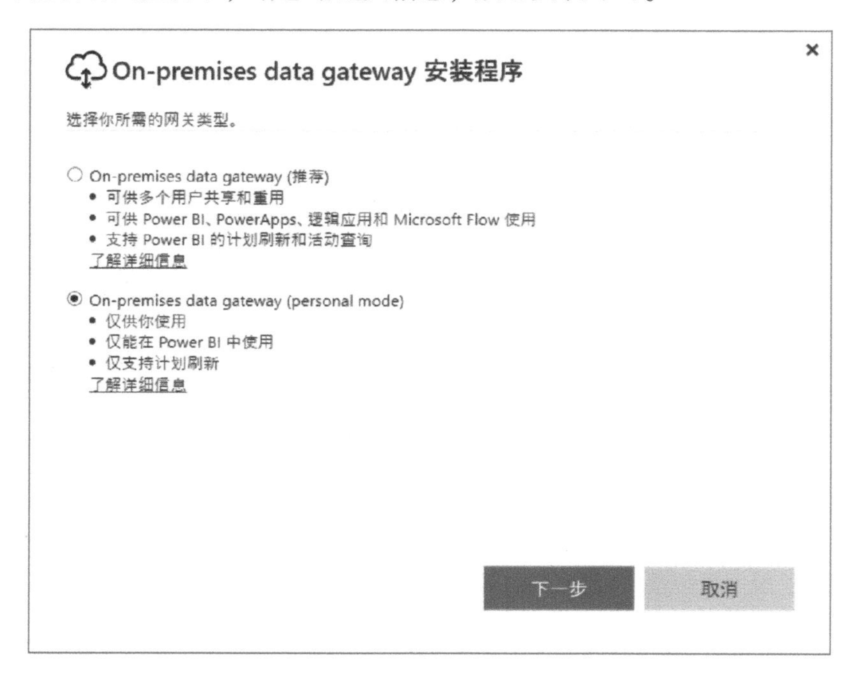

图 5-38　选择网关类型

3）配置本地网关登录 Power BI 服务，输入工作区管理员账号、密码，验证完成后出现“网关处于联机状态且已准备就绪，可以使用”信息，见图 5-39。

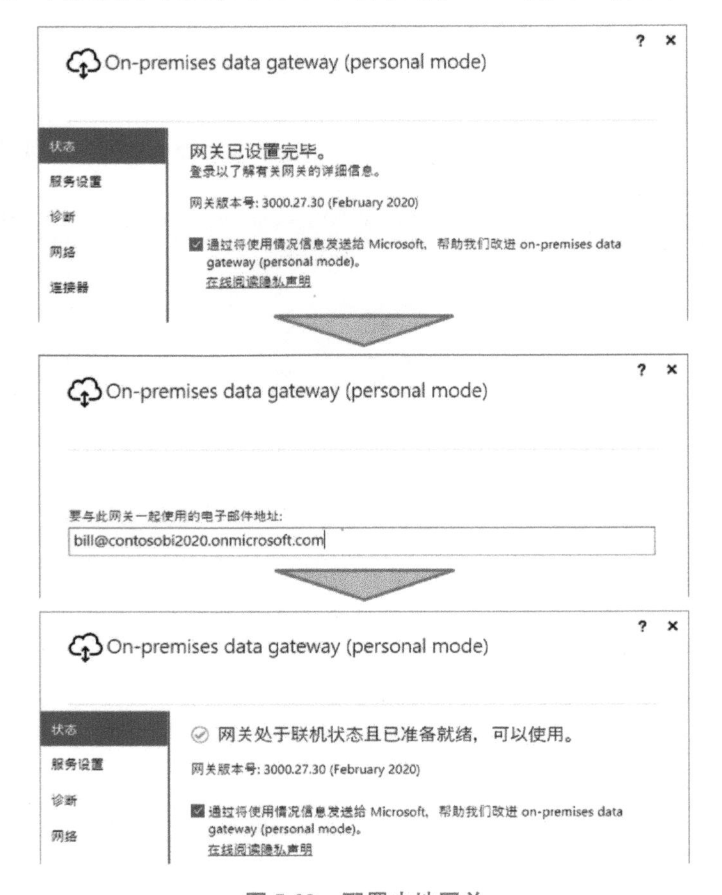

图 5-39　配置本地网关

4. 配置数据集网关设置

保存数据源的计算机配置完网关后，需要在工作区对应的数据集上设置同步信息。这里以“5.1 销售报表发布”数据集为例，对其进行设置。

1）在数据集上打开设置页面。默认看到“数据源凭据”因为没有配置，显示为无法刷新，见图 5-40。

2）编辑数据集凭据，按图 5-41 完成选择。

配置过程中可以看到文件路径被自动填写，文件名显示为“3.1 数据建模 .xlsx”，因为“5.1 销售报表发布 .pbix”案例所使用的数据源正是这个文件。

5. 数据集同步计划

刷新数据是从原始数据源导入新数据到数据集。如果希望每天定时刷新数

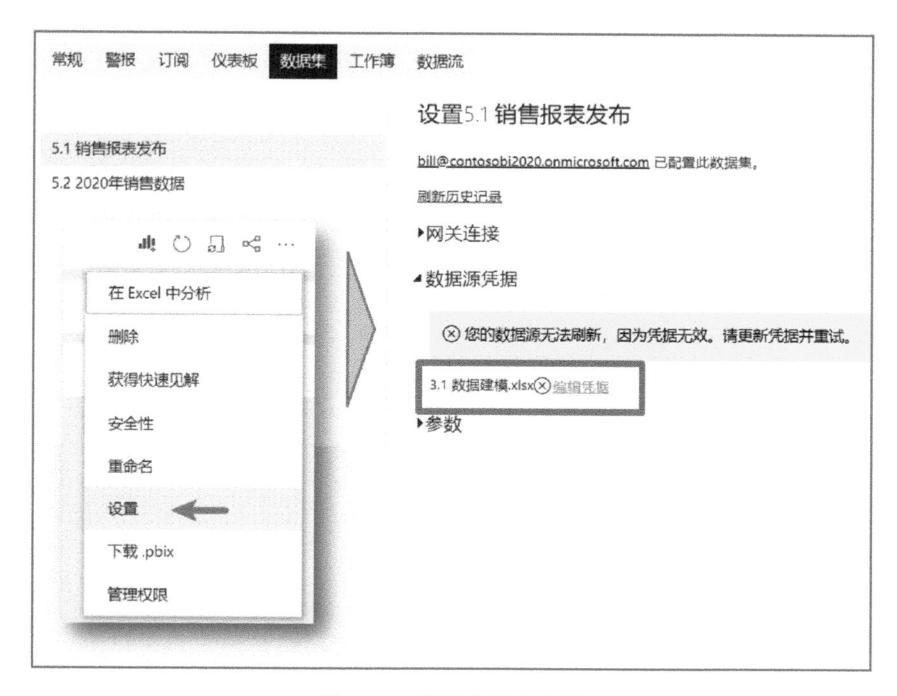

图 5-40　数据集网关设置

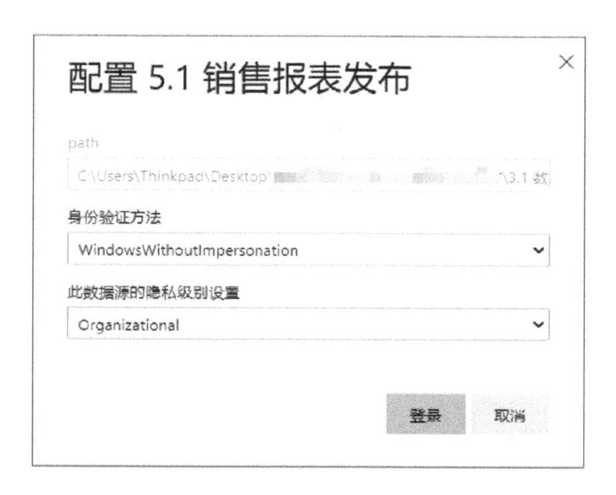

图 5-41　编辑数据集凭证

据，就需要先配置刷新计划，Power BI Pro 版本支持每天最多 8 次刷新计划。

同样是在数据集“设置”页面，展开“计划的刷新”工具，选择“刷新频率”为“每天”，然后根据需求指定时间，图 5-42。

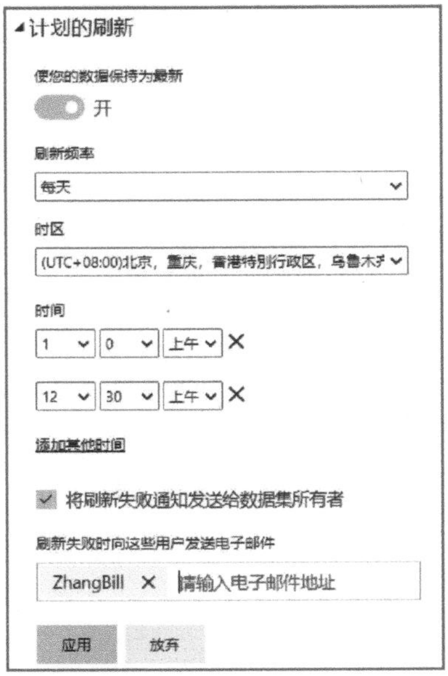

计划的刷新

使您的数据保持为最新

开

刷新频率

每天

时区

(UTC+08:00)北京，重庆，香港特别行政区，乌鲁木齐

时间

1 0 上午

12 30 上午

添加其他时间

将刷新失败通知发送给数据集所有者

刷新失败时向这些用户发送电子邮件

ZhangBill 请输入电子邮件地址

应用 放弃

图 5-42　数据集同步设置

5.3.2　共享数据集

数据分析人员发布报表后，团队成员除了查看结果，还需要设计出各自关注的报表。例如北区销售经理要详细查看销售人员任务完成情况，但是在已发布报表中没有这方面的详细结果；因为 Power BI 是全员 BI 自助分析工具，北区经理就可以利用已发布报表的数据集，完成新报表设计。

报表的基础是数据集（模型）。数据集存放在工作区中，对工作区具备访问权限，就可以利用数据设计新报表。

1. 设置工作区的访问权限。

1）通过 Office 365 管理员工具，为团队成员创建新的账号，分配 Power BI Pro 的许可证。

2）在工作区右侧的对象菜单中单击“Access”按钮，见图 5-43。

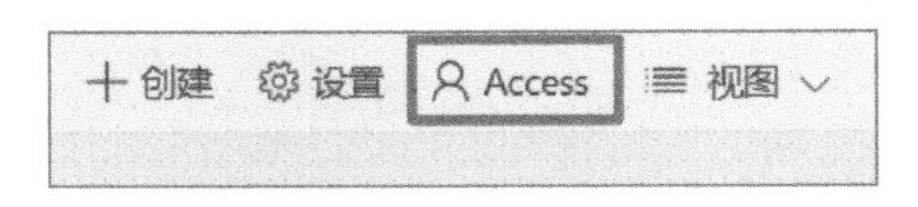

图 5-43　数据集共享

3）在出现的对话框中添加团队成员邮件地址，按默认选择“成员”角色，图 5-44。

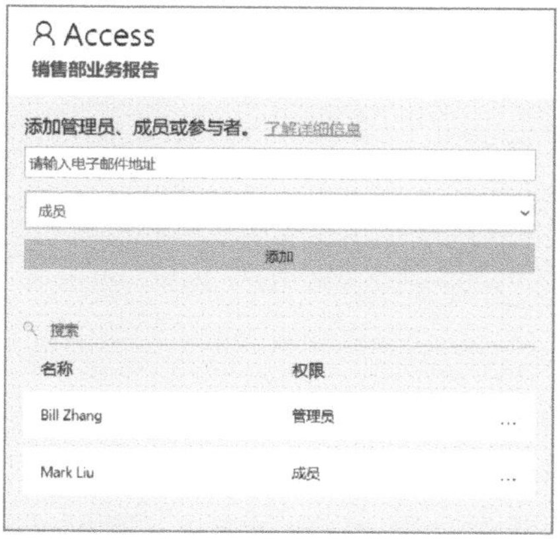

图 5-44　添加团队成员邮件地址

表 5-1 介绍了四种角色的权限对比。

表 5-1　四种角色的权限对比

权　限	管理员	成员	参与者	查看器
更新和删除工作区	X			
添加/删除人员，包括其他管理员	X			
添加成员或具有较低权限的其他人	X	X		
发布和更新应用	X	X		
共享一个报表或工作区作为应用包进行共享	X	X		
允许其他人重新共享项目	X	X		
在工作区中创建、编辑和删除内容	X	X	X	
将报表发布到工作区，删除内容	X	X	X	
基于此工作区中的数据集在其他工作区中创建报表	X	X	X	
复制报表	X	X	X	
详细信息请参见微软 Power BI 帮助信息	X	X	X	X

2. 团队成员访问数据集

被加入到工作区的团队成员，可以使用桌面端或在线服务访问数据集。利用在线服务访问数据集创建报表的方法，可以参考 5.3.1 节。

利用 Power BI Desktop 访问数据集见图 5-45。

如果成员属于多个工作区，在这里可以看到所有的数据集。

图 5-45　在 Power BI Desktop 中访问数据集

5.4　总结

完整的数据可视化分析，不仅是构建模型、设计报表，还需要团队的协同工作，从不同业务角色角度获得相关的分析报告。Power BI Online 基于 Office 365 云计算平台，为企业用户发布报表、协同工作提供了安全、便捷的解决方案。希望大家能掌握每个工作区的安全性、数据集、报表、仪表板、Excel 报表、网关等功能。